Edmund Wallis

W0205866

Besser in Mathematik

Realschule

Mit 24 S. Lösungsheft

5. Klasse

Cornelsen
SCRIPTOR

Der Autor: Dr. habil. Edmund Wallis ist ein erfahrener Mathematiklehrer und hat umfassende Praxis in der Lehrerausbildung.

www.cornelsen.de

Bibliografische Information:
Die Deutsche Bibliothek verzeichnet diese Publikation in der Deutschen Nationalbibliografie; detaillierte bibliografische Daten sind im Internet über http://dnb.ddb.de abrufbar.

Dieser Band folgt den Regeln der deutschen Rechtschreibung, die seit August 2006 gelten.

5. 4. 3. 2. 1. Die letzten Ziffern bezeichnen
12 11 10 09 08 Zahl und Jahr der Auflage.

© 2008 Cornelsen Verlag Scriptor GmbH & Co. KG, Berlin
Das Werk und seine Teile sind urheberrechtlich geschützt. Jede Nutzung in anderen als den gesetzlich zugelassenen Fällen bedarf deshalb der vorherigen schriftlichen Einwilligung des Verlags.
Hinweis zu den §§ 46, 52 a UrhG: Weder das Werk noch seine Teile dürfen ohne eine solche Einwilligung eingescannt und in ein Netzwerk eingestellt oder sonst öffentlich zugänglich gemacht werden.
Dies gilt auch für Intranets von Schulen und sonstigen Bildungseinrichtungen.
Projektleitung: Stefan Giertzsch, Berlin
Redaktion: Walter Greulich (WGV), Weinheim
Reihengestaltung: tiff.any GmbH, Berlin
Satz und Layout: Dagmar & Torsten Lemme, Berlin
Illustrationen: Böcking-Gestaltung, Bochum
Umschlagentwurf: Patricia Müller, Berlin
Druck und Bindearbeiten: orthdruk, Bialystok, Polen
Printed in Poland
ISBN 978-3-589-22661-0

Gedruckt auf säurefreiem Papier,
umweltschonend hergestellt aus chlorfrei gebleichten Faserstoffen.

Liebe Schülerin, lieber Schüler,

dieser Band der Reihe Besser in Mathematik hilft dir, deine Kenntnisse im Fach Mathematik zu verbessern. Du kannst gezielt Stoff nachholen und wiederholen, um sicherer zu werden!
Zu allen Bereichen des Mathematikunterrichts sind kleine Aufgaben angeboten, mit denen du selbstständig arbeiten kannst.
Die Schwerpunkte sind:

- Definitionen und Regeln kennen und anwenden,
- Aufgaben strukturieren und strategisch bearbeiten,
- Diagramme und Formeln erstellen und interpretieren,
- Zusammenhänge begründen und überprüfen.

Die Texte und die Aufgaben in diesem Buch sind so ausgewählt und zusammengestellt, dass dir die Bearbeitung möglichst leichtfällt.

Tipps

- Lege dir ein **eigenes Arbeitsheft** zu, in das du schreibst.
- Bist du dir beim Lösen der Übungsaufgaben nicht ganz sicher, sieh dir die Beispiele noch einmal genau an.
- Vergleiche deine Ergebnisse mit dem Lösungsheft.
  Überprüfe bei Fehlern immer genau, was du falsch gemacht hast.
  Verbessere Fehler.
- Am Ende eines jeden Kapitels kannst du in einem kleinen Test überprüfen, ob du den Stoff nun beherrschst. Wenn nicht, bearbeite die entsprechenden Aufgaben in einigen Tagen noch einmal.

Viel Spaß und Erfolg beim Lernen!

1 DARSTELLEN VON NATÜRLICHEN ZAHLEN

Was du schon können musst:

1. Zahlen am Zahlenstrahl und in der Stellenwerttafel darstellen.
2. Zahlen vergleichen, ordnen und runden.
3. Tabellen und Diagramme erstellen und erklären.
4. Die absolute Häufigkeit eines Ergebnisses bestimmen.

Darum geht es

In diesem Kapitel lernst du,

- große Zahlen darzustellen, zu vergleichen, zu ordnen und zu runden,
- mit großen Zahlen in Tabellen und Diagrammen zu arbeiten,
- den Durchschnitt (das arithmetische Mittel) zu berechnen.

1.1 Zahlenstrahl – Stellenwerttafel

Du erinnerst dich

Die Zahlen 0, 1, 2, 3, 4 ... heißen natürliche Zahlen. Jede natürliche Zahl außer der Null hat einen Vorgänger und einen Nachfolger. Natürliche Zahlen stellt man auf dem Zahlenstrahl oder in der Stellenwerttafel dar.

Zahlen auf dem Zahlenstrahl darstellen

1 **Zeichne einen Zahlenstrahl und trage die Zahlen an.**
4 000, 18 000, 24 000, 10 000, 30 000.

Beispiel

Die Zahlen 500, 1 500, 2 000, 2 500, 3 000, 3 750, 4 000 an den Zahlenstrahl antragen.

1. Du legst die Länge des Zahlenstrahls fest.

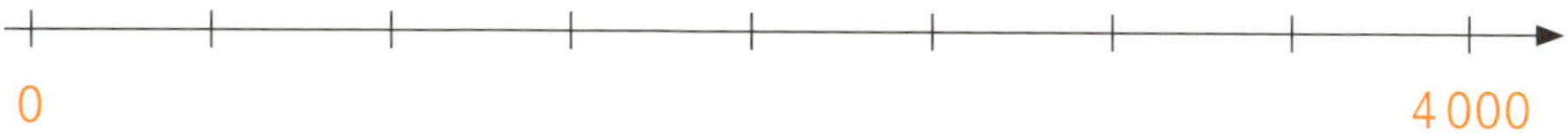

2. Du wählst eine geeignete Markierung für die Zahlen auf dem Strahl.

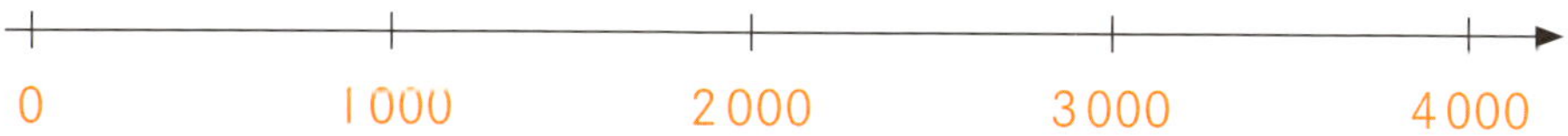

3. Du trägst die Zahlen an.

2 **Wie heißen die Zahlen an den gekennzeichneten Stellen?**

Merke

Alle Zahlen die auf dem Zahlenstrahl links von einer Zahl stehen, sind kleiner als diese Zahl. Alle Zahlen die rechts von ihr stehen, sind größer als sie.

Zahlen finden, die größer oder kleiner als eine gegebene Zahl sind.

1 **Welche Zahlen sind größer als die Zahl 43 452?**

a) 43 425 b) 43 525 c) 43 098
d) 44 155 e) 42 999 f) 43 289

Beispiel

Vergleiche 29 mit 32 und 24.

20 21 22 23 24 25 26 27 28 29 30 31 32 33

24 liegt links von 29.
24 ist kleiner als 29.
Du schreibst: 24 < 29.

32 liegt rechts von 29.
32 ist größer als 29.
Du schreibst: 32 > 29.

2 **Vergleiche die Zahlen miteinander und setze das Zeichen < oder >. Begründe mit der Lage der Zahlen auf dem Zahlenstrahl.**

99 999 ___ 100 000
87 001 ___ 86 999

7 309 ___ 7 305
1 524 345 ___ 1 524 354

Zahlen in der Stellenwerttafel darstellen

1 **Trage die Zahlen in eine Stellenwerttafel ein und lies sie laut vor.**
56 810, 305 555, 30 001, 430 052, 106 056 010, 500 005, 800 000 110.

Beispiel

Die Zahlen 2 520 405 320 und 23 070 450 325 123 werden in die Stellentafel eingetragen.
Beginne immer mit dem Eintragen der Ziffern von rechts.

Billionen			Milliarden			Millionen			Tausender					
HB	ZB	B	HMd	ZMd	Md	HM	ZM	M	HT	ZT	T	H	Z	E
					2	5	2	0	4	0	5	3	2	0
	2	3	0	7	0	4	5	0	3	2	5	1	2	3

Beachte

Du kannst große Zahlen leichter lesen, wenn du ihre Ziffern in Dreiergruppen aufschreibst: 2520405320 → 2 520 405 320
Beginne beim Gruppenbilden immer von rechts.
Du kannst auch die Dreiergruppen durch Punkte zwischen den Ziffern deutlich machen: 23 076 450 325 123 → 23.076.450.325.123

2 **Schreibe in Ziffern und trage dann die Zahlen in eine Stellentafel ein.**

a) drei Billionen sechshunderteinundsiebzig
b) fünf Milliarden dreiundzwanzig Millionen siebentausend
c) dreiundvierzig Millionen siebentausendeinhundertfünf

Merke

Tausend: 3 Nullen
Million (M): 6 Nullen
Milliarde(Md): 9 Nullen
Billion: 12 Nullen

1.2 Vergleichen – Ordnen – Runden

Du erinnerst dich

- Zahlen kannst du nach ihrer Größe vergleichen und ordnen.
- Eine Zahl kann größer (>) oder kleiner als (<) eine andere Zahl sein.
- Zahlen mit vielen Ziffern werden oftmals gerundet angegeben.

Vergleichen und Ordnen von Zahlen nach ihrer Größe

Welche Zahl ist größer?

1. Möglichkeit: Ist die Stellenzahl der Zahl unterschiedlich, dann ist die Zahl, die mehr Stellen hat, die größere Zahl.
2. Möglichkeit: Ist die Stellenzahl der Zahlen gleich, dann ist die Zahl, die größere Zahl, die von links gelesen zuerst eine größere Ziffer hat.

1 Vergleiche und setze die Zeichen < oder >.

a) 2 070 629 ▢ 2 070 630
b) 999 999 ▢ 1 000 000
c) 498 091 ▢ 498 090
d) 3 546 409 ▢ 3 536 409

Beispiele

1. 284 736 ▢ 28 958 → Du vergleichst die Anzahl der Stellen.
↓ ↓
6 Stellen 5 Stellen → Die Stellenzahl ist unterschiedlich.
↓
284 736 > 28 956 → Die Zahl mit der größeren Stellenzahl ist die größere Zahl.

2. 7 241 563 ▢ 7 241 845 → Du vergleichst die Anzahl der Stellen. Beide Zahlen haben gleich viele Stellen.
↓ ↓
nicht gleich → Du vergleichst die Ziffern von links beginnend.
5 < 8 Die Zahl, die zuerst eine größere Ziffer hat, ist die größere Zahl.
7 241 563 < 7 241 845

2 Welche Ziffern kannst du für den Platzhalter einsetzen?

a) 2965 > 29▢5
b) 8▢6 < 846
c) 47▢14 > 47 714
d) 4▢73 650 < 4 273 650

3 **Gib an, ob die Aussagen wahr oder falsch sind.**

a) 42 493 > 42 398   b) 56 002 < 55 999   c) 68 875 > 69 112

d) 1 000 ist die größte vierstellige Zahl.

e) Jede fünfstellige Zahl ist größer als eine beliebige vierstellige Zahl.

f) Alle Zahlen, die zwischen 127 809 und 127 814 liegen, sind sechsstellige Zahlen.

g) Zwischen 39 097 und 39 102 liegen genau vier fünfstellige Zahlen.

Ordnen von Zahlen nach ihrer Größe

1 **Ordne nach der Größe. Beginne mit der kleinsten Zahl.**
39 143, 1 931, 905 430, 900 500, 88 990, 8 989

Beispiel

Nach der Größe ordnen. Mit der kleinsten Zahl beginnen.
5 300, 192, 99, 5 072, 909, 21 322, 306, 41
Zuerst ordnest du die Zahlen nach der Stellenzahl.

99, 41,	192, 909, 306,	5 300, 5 072,	21 322
↓	↓	↓	↓
zweistellige Zahlen	dreistellige Zahlen	vierstellige Zahlen	fünfstellige Zahlen

Danach ordnest du die Zahlen mit gleicher Stellenzahl nach der ersten unterschiedlichen Ziffer. Von links beginnen.
41, 99, 192, 306, 909, 5 072, 5 300, 21 322
Lösung: 41 < 99 < 192 < 306 < 909 < 5 072 < 5 300 < 21 322

Runden von Zahlen

Merke

Beim Runden wird das Zeichen „≈“ gesetzt. Du kannst lesen „ungefähr“ oder „rund“.

1 Zuschauerzahlen von verschiedenen Sportveranstaltungen:
Tennisturnier: 6 815; Fußballspiel: 73 764; Reitturnier: 7 949; Leichtathletikmeisterschaften: 39 329; Schwimmwettkampf: 9 958. Runde die Zahlenangaben auf Hunderter.

Regel

Beim Runden auf Zehner, Hunderter, Tausender ... musst du immer die rechts von der Rundungsstelle stehende Ziffer betrachten:
Ist diese Ziffer eine 0, 1, 2, 3 oder 4, so musst du abrunden. Die Rundungsstelle bleibt dabei unverändert. Alle Ziffern rechts von ihr werden null.
Ist die Ziffer eine 5, 6, 7, 8 oder 9, so musst du aufrunden. Die Rundungsstelle wird um eins größer. Alle Ziffern danach werden null.

Beispiele: Runden auf Hunderter

Auf diese Stelle (Rundungsstelle) sollst du runden.
↓
1. 47 329
↑
Die erste Ziffer nach der Rundungsstelle ist eine 2, also musst du abrunden.
Lösung: 47 329 > 47 300

2. Rundungsstelle
↓
128 762
↑
Die erste Ziffer nach der Rundungsstelle ist eine 6, also musst du aufrunden.
Lösung: 128 762 < 128 800

2 a) Runde auf Tausender: 33 487, 92 505, 137 621, 3 528 298, 80 730
b) Runde auf Zehntausender: 234 705, 1 591 453, 26 819 423, 509 346
c) Runde auf Millionen: 2 685 902, 875 699, 99 398 990, 2 114 222 110

3 **Runde die angegebenen Touristenzahlen sinnvoll.**

Stadt	Hamburg	Erfurt	München	Leipzig	Dresden
Touristen	3 912 418	309 617	3 691 944	898 744	1 023 458

1.3 Strichlisten – Tabellen – Diagramme – Schaubilder

Du erinnerst dich

- Mit Strichlisten, Tabellen, Diagrammen und Schaubildern kannst du Zahlen- und Größenangaben übersichtlich darstellen.
- Die absolute Häufigkeit gibt dir die Anzahl der erfassten Daten an.

Beispiel

Nina hat für die Projektwoche zum Thema „Müll“ Daten über den angefallenen Hausmüll pro Kopf der Bevölkerung ihrer Heimatstadt gesammelt und in eine Tabelle eingetragen.

Jahr	1998	1999	2000	2001	2002	2003	2004
kg	251	215	225	210	232	239	246

Zur Veranschaulichung der Müllmengen zeichnete sie ein Streifendiagramm.

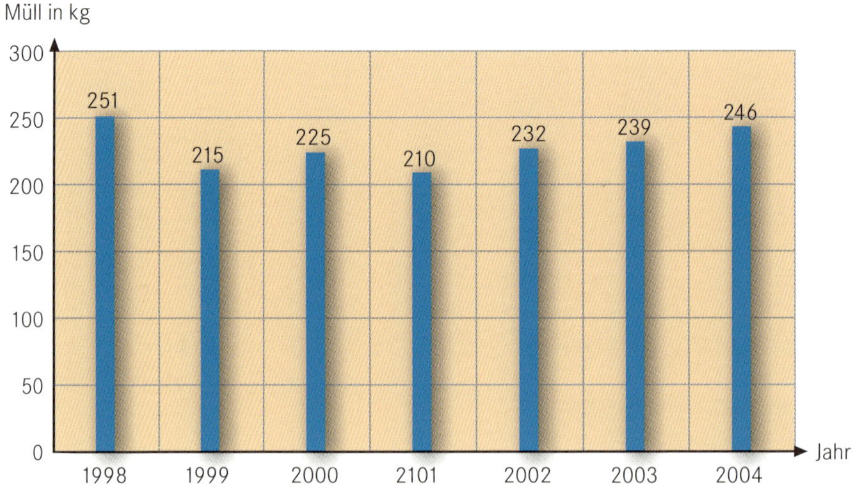

Dabei ist sie folgende Schritte gegangen:

1. Achsenkreuz mit einer Zeitachse und einer Mengenachse zeichnen.
2. Festlegen geeigneter Einheiten auf den Achsen:
   Zeitachse: 1 cm → 1 Jahr   Mengenachse: 2 cm → 100 kg
3. Antragen der Werte und zeichnen der Streifen.

Diagramme erstellen

1 **Die Tabelle enthält Angaben zum jährlichen Wasserverbrauch pro Kopf der Bevölkerung.**

Jahr	1995	1997	1999	2001	2003	2005
Liter pro Kopf	148	175	168	153	147	145

a) Veranschauliche die Zahlenangaben in einem Streifendiagramm.

b) Vergleiche den Wasserverbrauch von 1995 mit dem von 1997 und den Verbrauch von 1997 mit dem Verbrauch von 2005. Was stellst du fest?

2 **Marc bereitet sich auf die Schulmeisterschaften im Radrennen vor. Seine Trainingszeiten für die ersten beiden Wochen hat er aufgeschrieben. Stelle diese Angaben in einem Streckendiagramm dar. Wähle für jede Woche eine andere Farbe.**

Tage	Montag	Dienstag	Mittwoch	Donnerstag	Freitag	Sonnabend
1. Woche	62 min	69 min	57 min	55 min	52 min	54 min
2. Woche	57 min	55 min	55 min	50 min	52 min	53 min

Strichlisten anlegen und die Angaben in Diagrammen darstellen

1 **Claudia würfelte 40-mal. Dabei erreichte sie folgende Augenzahlen:**
4, 1, 3, 3, 4, 6, 5, 5, 4, 1, 1, 3, 2, 2, 6, 1, 2, 2, 2, 3, 4, 2, 5, 5, 5, 6, 5, 3, 6, 6, 3, 3, 3, 6, 6, 3, 1, 4, 4, 4.

a) Fertige eine Strichliste zu diesen Angaben an.
b) Welche Augenzahl wurde am häufigsten gewürfelt?
c) Wievielmal wurde die Augenzahl „6" gewürfelt?

Beispiel

Sven hat die Ergebnisse der Mathematikarbeit notiert:
2, 2, 3, 2, 2, 5, 1, 3, 3, 3, 2, 4, 4, 2, 1, 3, 4, 1, 1, 3, 3, 1, 1, 5, 4, 2, 2, 2
Damit die Verteilung der Zensuren übersichtlich wird, trägt er sie in eine Strichliste ein.

Zensur	1	2	3	4	5	6
Häufigkeit	𝍸 I	𝍸 IIII	𝍸 II	IIII	II	

Merke

Zuerst schreibst du alle Angaben, die in die Strichliste eingetragen werden sollen, ungeordnet nebeneinander oder untereinander. Dann trägst du für jede Angabe einen Strich an die entsprechende Stelle der Liste (Tabelle) ein. Die Striche werden jeweils zu fünf Strichen gebündelt (卌).

2 In einer Schule sollen neue Fahrradständer aufgestellt werden. Deshalb wurden die Schüler befragt, wie sie zur Schule kommen. Die Strichliste zeigt das Ergebnis der Befragung.

Mit dem Bus	Mit dem PKW	Mit dem Fahrrad	Zu Fuß
卌 卌 卌 卌 卌 卌 卌 II	卌 卌 卌 II	卌 卌 卌 卌 卌 卌 卌 卌 卌 卌 卌	卌 卌 卌 卌 III

Veranschauliche das Ergebnis der Befragung in einem Streifendiagramm.

a) Wie viele Schüler wurden insgesamt befragt?

b) Gibt es mehr Busfahrer oder Radfahrer?

Angaben aus Diagrammen und Schaubildern entnehmen, Durchschnitt (arithmetisches Mittel) berechnen

1 Das Streckendiagramm gibt Auskunft zum Autoverkehr vor einer Schule in der Zeit von 7.00 bis 17.00 Uhr.

a) An welchen Tagen fuhren mehr als 250 Autos an der Schule vorbei?

b) An welchen Tagen war der Autoverkehr ungefähr doppelt so groß wie am Sonnabend?

c) Stimmt es, dass der Autoverkehr am Freitag ungefähr doppelt so groß ist wie am Dienstag.?

d) Berechne wie viele Autos im Durchschnitt werktags täglich an der Schule vorbeifahren.

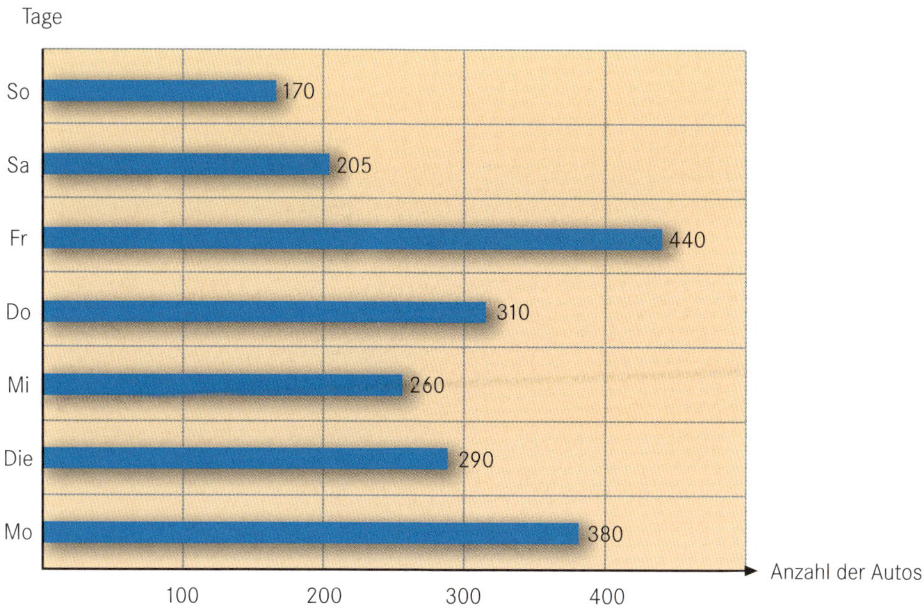

Beispiel

Der Durchschnitt aus den Zensuren eines Tests soll berechnet werden.

Zensuren	1	2	3	4	5	6
Anzahl	4	12	7	3	1	1

Summe aller Werte: $1 + 1 + 1 + 1 + 2 + 2 + 2 + 2 + 2 + 2 + 2 + 2 + 2 + 2 + 2 + 2 + 3 + 3 + 3 + 3 + 3 + 3 + 3 + 4 + 4 + 4 + 5 + 6 = 72$

Anzahl der Werte: $4 + 12 + 7 + 3 + 1 + 1 = 28$

$$\text{Durchschnitt} = \frac{\text{Summe aller Werte}}{\text{Anzahl aller Werte}}$$

$$\text{Durchschnitt} = \frac{72}{28}$$

$$\text{Durchschnitt} \approx 2{,}6$$

Merke

Der Durchschnitt (das arithmetische Mittel) ist die Summe aller Werte geteilt durch die Anzahl aller Werte.

$$\text{Durchschnitt} = \frac{\text{Summe aller Werte}}{\text{Anzahl aller Werte}}$$

2 Das Diagramm gibt Auskunft über die verkauften Handys in einem Fachgeschäft.

a) In welchen Monaten wurden ungefähr doppelt so viele Handys verkauft wie im Januar?

b) Wie viele Handys wurden im Durchschnitt pro Monat verkauft?

c) Im Monat November läuft das Weihnachtsgeschäft an. Man will dann das Vierfache des Monats April verkaufen. Wie viele Handys müssten dann verkauft werden?

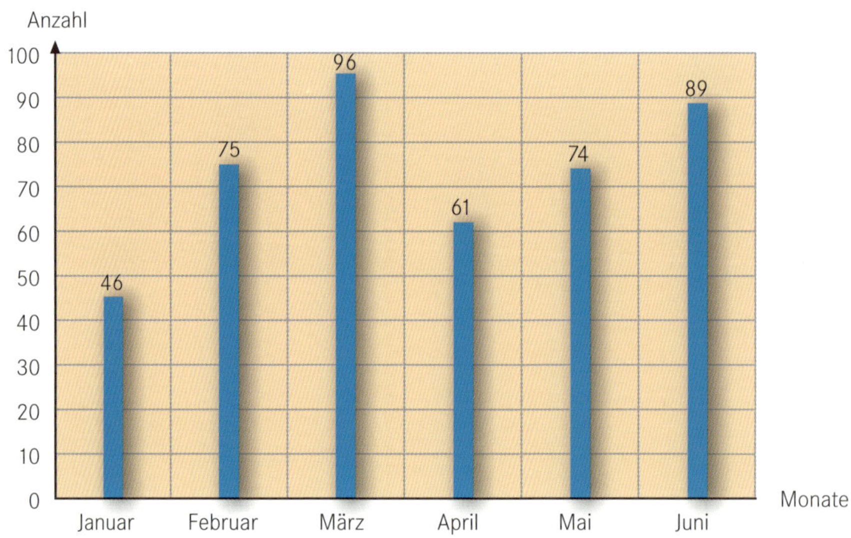

3 Die Besucherzahlen eines Zoos in einer Woche werden in dem Schaubild dargestellt.

Besucher im Zoo

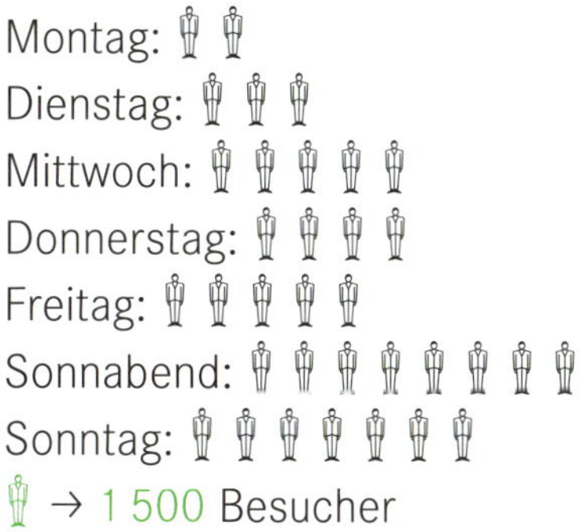

a) Wie viele Besucher hatte der Zoo in dieser Woche?

b) An welchen Tagen waren mehr als 6 000 Besucher im Zoo?

c) Wie viele Besucher hatte der Zoo im Durchschnitt täglich?

Test Kapitel 1

1 Zahlen ordnen, vergleichen, und runden |5|

a) Ordne die Zahlen nach ihrer Größe. Beginne mit der größten Zahl.
2 900 100, 259 400, 299 450, 290 001, 290 405, 290 900

b) Welche Ziffern kannst du für den Platzhalter einsetzen?
758 < 7 □ 8 987 364 > 98 □ 64 5 807 104 > 5 807 □ 05

2 Zahlen am Zahlenstrahl |7|

a) Bestimme die Zahlen an den gekennzeichneten Stellen.

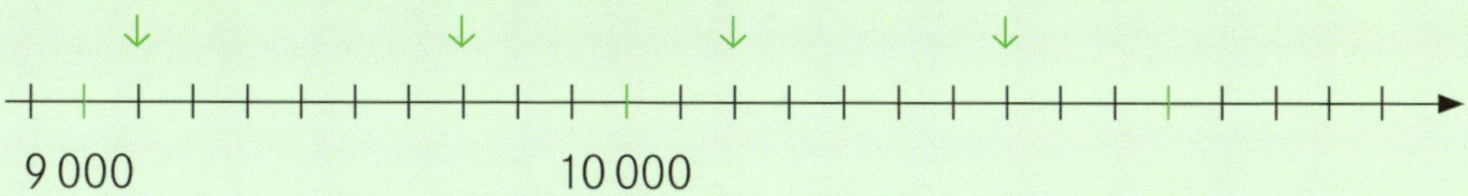

b) Welche drei Zahlen folgen der Zahl 40 560 auf dem Zahlenstrahl? Wie heißt ihr Vorgänger?

3

Runden	757 150	93 709	409 574	59 969
auf Tausender				
auf Hunderttausender				
auf Hunderter				
auf Zehntausender				

| 16 |

4 **Die Schüler einer 5. Klasse werden nach ihren Lieblingssportarten befragt. Das Ergebnis der Befragung wurde in eine Strichliste eingetragen.** | 12 |

Sportart	Schwimmen	Fußball	Geräteturnen	Leichtathletik	Volleyball
Anzahl	卌 卌 卌 卌 卌 III	卌 卌 卌 卌 III	卌 卌 卌 卌 卌 卌 II	卌 卌 卌 卌 卌 卌 卌 卌 卌 I	卌 卌 卌

a) Stelle das Ergebnis der Befragung in einem Säulendiagramm dar.
b) Wie viele Schüler haben an der Befragung teilgenommen?
c) Wie viele Schüler haben im Durchschnitt eine Sportart benannt?
d) Wahr oder falsch:
- Ein Viertel der befragten Schüler nennt Schwimmen als Lieblingssportart.
- Leichtathletik hatten doppelt so viele Schüler gewählt wie Fußball.

|| 40 ||

Wie viele Punkte hast du? Erreichst du mehr als 31 Punkte, beherrschst du den Inhalt des Kapitels wirklich gut. Erreichst du weniger als 16 Punkte, dann solltest du dieses Kapitel wiederholen.

2 RECHNEN MIT NATÜRLICHEN ZAHLEN

Was du schon können musst:

1. Zahlen beim schriftlichen Addieren und Subtrahieren richtig untereinanderschreiben.
2. Summen, Differenzen, Produkte und Quotienten berechnen.
3. Das Kommutativgesetz (Vertauschungsgesetz) beim Addieren und Multiplizieren anwenden.
4. Den Zusammenhang (Umkehroperation) zwischen Addition und Subtraktion sowie Multiplikation und Division bei der Probe anwenden.

In diesem Kapitel lernst du,

- Aufgaben mit Klammern zu lösen;
- beim Addieren und Multiplizieren das Assoziativgesetz (Verbindungsgesetz) und das Distributivgesetz (Verteilungsgesetz) anzuwenden;
- Produkte aus gleichen Faktoren als Potenz zu schreiben;
- die Lösungen von Gleichungen und Ungleichungen zu finden.

2.1 Addieren und Subtrahieren

Du erinnerst dich

- Beim schriftlichen Addieren und Subtrahieren musst du zuerst die Einer (E) unter die Einer, die Zehner (Z) unter die Zehner, die Hunderter (H) unter die Hunderter schreiben.
- Danach beginnst du von rechts erst die Einer, dann die Zehner, dann die Hunderter ... zu addieren oder zu subtrahieren. Den Übertrag trägst du in die jeweilige nächste Spalte ein.

- Nur bei der Addition darfst du die Zahlen vertauschen.
- Mit dem Überschlag stellst du fest, ob dein Ergebnis stimmen kann.

Schriftliches Addieren – Anwenden des Kommutativgesetzes

1 **Gib an, wie groß der Wert der Summe ungefähr ist. Führe dazu einen Überschlag durch. Rechne und schreibe so:**
3 572 + 1 924 ≈ 6 000   Ü: 4 000 + 2 000 = 6 000

a) 6 191 + 2 920 + 8 721   b) 4 095 + 918 + 1 412 + 2 510

2 **Berechne die Summen. Beginne mit dem Überschlag.**

a) 2 329 + 579 + 428   b) 2 018 + 439   c) 14 972 + 2 590 + 84

Beispiel

Berechne die Summe: 1 419 + 469 + 328
Ü: 1 400 + 500 + 300 = 2 200

Rechne:

```
  1 4 1 9
+   4 6 9
+   3 2 8
    1 1 2
---------
  2 2 1 6
=========
```

Sprich:
Einer: 8 plus 9 plus 9 gleich 26.
Schreibe 6, übertrage 2.
Zehner: 2 plus 2 plus 6 plus 1 gleich 11.
Schreibe 1, übertrage 1.
Hunderter: 1 plus 3 plus 4 plus 4 gleich 12.
Schreibe 2, übertrage 1.
Tausender: 1 plus 1 gleich 2. Schreibe 2.

1 419 + 469 + 328 = 2 216

3 **Wie heißt der Wert der Summe aus den Zahlen? Führe zuerst den Überschlag durch.**

a) 3029; 2 105; 209   b) 7864; 2 474
c) 29; 978; 1 230

Merke

Addition → addieren

Summe
↓

127 + 45 = 172

↑ ↑ ↑

Summand Summand Wert der Summe (kurz: Summe)

4 **Führe zu allen Aufgaben zuerst den Überschlag durch.**

a) Addiere 451372 und 18198.
b) Die Summanden heißen 83017, 5794 und 418. Berechne die Summe.
c) Gegeben sind drei Summanden: 294, 1926, 22012. Berechne die Summe.

Kommutativgesetz (Vertauschungsgesetz)

Beim Addieren dürfen die Summanden vertauscht werden, ohne dass sich dabei der Wert der Summe ändert.
Es gilt: $a + b = b + a$ für alle natürlichen Zahlen a; b.

5 **Marc ist im Training am 1. Tag 43 km, am 2. Tag 89 km und am 3. Tag 104 km mit seinem Rad gefahren. Sein Freund Paul hat die gleichen Strecken in der Reihenfolge 89 km, 104 km und 43 km zurückgelegt.**

a) Stimmt es, dass beide die gleiche Gesamtstrecke gefahren sind? Begründe.
b) Wie lang ist die Gesamtstrecke, die jeder zurückgelegt hat?

Additionsaufgaben mit Klammern – das Assoziativgesetz anwenden

Merke

Manchmal können mehrere Zahlen leichter addiert werden, wenn du einige Summanden sinnvoll mit Klammern verbindest oder die Reihenfolge der Summanden vorteilhaft veränderst.
Für alle natürlichen Zahlen a, b, c gilt das Assoziativgesetz (Verbindungsgesetz): $a + b + c = a + (b + c)$.

1 **Setze Klammern so, dass du die Summe im Kopf berechnen kannst.**

a) 72 + 39 + 61 + 15

b) 573 + 27 + 1 099 + 401 + 70

Beispiel

Vereinfachen durch Setzen von Klammern.

$$48 + 54 + 46 + 716 + 84 + 13$$
$$= 48 + (54 + 46) + (716 + 84) + 13$$
$$= 48 + (100 + 800) + 13$$
$$= 48 + 900 + 13$$
$$= \underline{\underline{961}}$$

Du setzt die Klammern so, dass Teilsummen entstehen, die du im Kopf berechnen kannst.
Du berechnest diese Teilsummen und addierst ihre Ergebnisse.

2 **Berechne mithilfe von Klammern im Kopf.**

a) 23 + 44 + 56 + 227 + 23 + 10

b) 16 + 84 + 25 + 189 + 11

c) 2 500 + 375 + 25 + 40 + 160

d) 45 + 1 800 + 50 + 150

3 **Vertausche die Summanden vorteilhaft und rechne dann im Kopf.**

a) 21 + 44 + 9 + 6

b) 99 + 990 + 1 + 10

c) 225 + 16 + 75 + 84

d) 270 + 36 + 130 + 164

Beispiel

Vereinfache durch Vertauschen der Summanden

91 + 175 + 9 + 25	Zuerst vertauschst du die Summanden so,
= 91 + 9 + 175 + 25	dass Teilsummen entstehen, die du im Kopf
↓ ↓	berechnen kannst. Dann berechnest du die
= 100 + 200	Teilsummen und addierst die Ergebnisse.
= 300	

Schriftliches Subtrahieren

1 Berechne.

a) 956 – 329
b) 2 349 – 1 268
c) 56 987 – 5 851
d) 4 308 – 2 097

Beispiel

Berechne die Differenz: 8 375 – 3 728

Überschlag: 9 000 – 4 000 = 5 000

Rechne:	8 375	Sprich: E: 8 plus 7 gleich 15. Schreibe 7, übertrage 1.
	– 3 728	Z: 1 plus 2 plus 4 gleich 7. Schreibe 4.
	1 1	H: 7 plus 6 gleich 13. Schreibe 6, übertrage 1.
	4 647	T: 1 plus 3 plus 4 gleich 8. Schreibe 4.

Vergleich mit dem Überschlag: 4 647 ≈ 5 000

2 Wie groß ist der Wert der Differenz ungefähr?
Rechne und schreibe so: 492 – 328 Ü: 500 – 300 = 200
429 – 328 ≈ 200

a) 947 – 184
b) 2 953 – 984
c) 7 894 – 2 394
d) 8 098 – 1 910

3 **Berechne die Differenz. Führe dazu erst den Überschlag durch.**

a) 45 909 − 22 807
b) 79 516 − 8 115
c) 3 749 − 709 − 56
d) 9 407 − 329 − 1 084

Merke

Subtraktion → subtrahieren

Differenz
↓
432 − 218 = 214
↑ ↑ ↑
Minuend Subtrahend Wert der Differenz (kurz: Differenz)

4 **Der Minuend heißt 45 909 und der Subtrahend 22 807. Berechne die Differenz.**

5 **Gegeben ist der Subtrahend 18 423. Wie groß ist die Differenz, wenn der Minuend doppelt so groß ist wie der Subtrahend?**

Subtraktion als Umkehrung der Addition – Addition als Umkehrung der Subtraktion

Merke

Mit dem Überschlag kannst du nur überprüfen, ob dein Rechenergebnis ungefähr richtig ist. Willst du genau prüfen, dann musst du die Probe mit der Umkehrrechenoperation (der entgegengesetzten Rechenart) durchführen.

1. Die Addition einer Zahl wird rückgängig gemacht durch die Subtraktion derselben Zahl.
   Beispiel: 25 + 9 = 34 → 34 − 9 = 25.

2. Die Subtraktion einer Zahl wird rückgängig gemacht durch die Addition derselben Zahl.
Beispiel: 47 - 12 = 35 → 35 + 12 = 47.
→ Die Subtraktion ist die Umkehrung der Addition und umgekehrt.

1 **Die Subtraktion soll rückgängig gemacht werden. Suche die zugehörige Additionsaufgabe.**

a) 6 348 - 2 152 = 4 196
b) 967 - 214 - 381 = 372
c) 749 - 26 - 9 = 714

2 **Berechne die Summen und Differenzen. Führe die Probe mit der entgegengesetzten Rechenart durch.**

a) 3 467 - 2 156
b) 5 429 - 824
c) 23 655 - 7 467
d) 3 715 + 2 695
e) 41 593 + 12 617
f) 20 816 + 693

3 **Familie Glücklich war mit dem PKW im Urlaub. Der Kilometerzähler zeigte bei der Abfahrt 42 938 km an. Am Ende der Reise stand er auf 50 476 km. Wie viele Kilometer hat die Familie im Urlaub zurückgelegt? Führe die Probe durch.**

2.2 Multiplizieren und Dividieren

Du erinnerst dich

- Eine Summe aus gleichen Summanden kannst du kürzer als Produkt schreiben.
- Beim Multiplizieren darfst du die Faktoren beliebig vertauschen und zusammenfassen.
- Das Multiplizieren mit einer Zahl kannst du durch das Dividieren mit derselben Zahl rückgängig machen und umgekehrt.

Mündliches und halbschriftliches Multiplizieren – Assoziativgesetz anwenden

1 Berechne im Kopf: $7 \cdot 49$; $8 \cdot 27 \cdot 4 \cdot 52$; $16 \cdot 40$; $60 \cdot 18$.

Beispiel

$6 \cdot 19 = ?$

▷ Zerlege in Teilaufgaben: $6 \cdot 10$; $6 \cdot 9$

▷ Löse die Teilaufgaben: $6 \cdot 10 = 60$; $6 \cdot 9 = 54$

▷ Addiere die Lösungen: $54 + 60 = 114$

$6 \cdot 19 = 114$

Merke

Multiplikation → multiplizieren

$$\underbrace{57 \cdot 6}_{\text{Produkt}} = 342$$

57 (Faktor) · 6 (Faktor) = 342 (Wert des Produktes (kurz: Produkt))

Du darfst die Faktoren vertauschen. Für alle natürlichen Zahlen gilt das Kommutativgesetz (Vertauschungsgesetz): $a \cdot b = b \cdot a$

2 Berechne vorteilhaft.

a) $98 \cdot 5 \cdot 2$ b) $76 \cdot 20 \cdot 5$ c) $25 \cdot 4 \cdot 37$ d) $15 \cdot 4 \cdot 23$

Beispiel

$64 \cdot 2 \cdot 5 = ?$

Faktoren vorteilhaft mit Klammern zusammenfassen: $= 64 \cdot (2 \cdot 5)$

Teilprodukte berechnen: $= 64 \cdot 10$

Teilprodukt mit dem Faktor multiplizieren: = 640

$64 \cdot 2 \cdot 5 = 640$

Merke

In einem Produkt darfst du die Faktoren in beliebiger Weise durch Klammern verbinden.
Für alle natürlichen Zahlen *a*, *b* und *c* gilt das Assoziativgesetz (Verbindungsgesetz): $a \cdot (b \cdot c) = (a \cdot b) \cdot c$.

3 **Berechne die Produkte. Verbinde zunächst die passenden Faktoren durch Klammern.**

a) $150 \cdot 20 \cdot 52$ b) $4 \cdot 250 \cdot 156$ c) $625 \cdot 200 \cdot 5$ d) $37 \cdot 4 \cdot 25$

4 **Nutze das Kommutativgesetz und das Assoziativgesetz zum vorteilhaften Multiplizieren im Kopf.**

a) $75 \cdot 28$ b) $32 \cdot 25$ c) $24 \cdot 225$
d) $125 \cdot 28$ e) $18 \cdot 75$

Beispiel

$25 \cdot 36 = ?$

Zweiten Faktor als Produkt schreiben: $= 25 \cdot (9 \cdot 4)$
Faktoren vorteilhaft vertauschen: $= (25 \cdot 4) \cdot 9$
Teilprodukt berechnen: $= 100 \cdot 9$
Teilprodukt mit dem verbleibenden $= 900$
Faktor multiplizieren: $25 \cdot 36 = 900$

5 **Berechne die Produkte. Achte auf Rechenvorteile.**

a) $2 \cdot 29 \cdot 25 \cdot 2$ b) $3 \cdot 50 \cdot 15 \cdot 2$ c) $4 \cdot 35 \cdot 2 \cdot 25$ d) $4 \cdot 39 \cdot 2 \cdot 125$

Produkte aus einer Summe oder Differenz und einem Faktor berechnen – Distributivgesetz anwenden

1 Berechne.

a) $(25 + 7) \cdot 4$
b) $(125 + 6) \cdot 8$
c) $6 \cdot (15 + 500)$
d) $5 \cdot (30 + 250)$

Beispiel

$5 \cdot (25 + 9) = ?$

Jeden Summanden mit dem Faktor multiplizieren: $= 5 \cdot 25 + 5 \cdot 9$

Teilprodukte berechnen: $= 125 + 45$

Summe bilden: $= 170$

$5 \cdot (25 + 9) = 170$

Merke

Eine Summe multiplizierst du mit einer Zahl, indem du jeden Summanden mit der Zahl multiplizierst. In gleicher Weise gehst du beim Multiplizieren einer Differenz mit einer Zahl vor.
Für alle natürlichen Zahlen *a*, *b* und *c* gilt das Distributivgesetz (Verteilungsgesetz): $a \cdot (b + c) = a \cdot b + a \cdot c$ und $a \cdot (b - c) = a \cdot b - a \cdot c$

2 Wende das Distributivgesetz an.

a) $(20 - 9) \cdot 5$
b) $12 \cdot (20 - 7)$
c) $20 \cdot (30 + 4)$
d) $(30 + 9) \cdot 4$

Schriftlich Multiplizieren

1 Multipliziere schriftlich. Beginne mit dem Überschlag.

a) 2483 · 6
b) 5238 · 300
c) 617 · 429
d) 59 · 2481

Beispiele

1. Multiplizieren mit einer einstelligen Zahl.

4283 · 6 Ü: 4000 · 6 = 24000
25698

Rechne so: E: 6 · 3 = 18 Du schreibst 8 und addierst 1 zu den Zehnern.
Z: 6 · 8 + 1 = 49 Du schreibst 9 und addierst 4 zu den Hundertern.
H: 6 · 2 + 4 = 16 Du schreibst 6 und addierst 1 zu den Tausendern
T: 6 · 4 + 1 = 25 Du schreibst 25.

2. Multiplizieren mit einem Vielfachen von Hundert.

3643 · 500 Ü: 4000 · 500 = 2000000
1821500 Du übernimmst die Nullen des zweiten Faktors. Dann rechnest du wie beim 1. Beispiel weiter.

3. Multiplizieren mit einem mehrstelligen Faktor.

516 · 247 Ü: 500 · 200 = 100000

```
516 · 247
1032
 2064
  3612
   1
------
127452
```

Du beginnst mit der ersten Ziffer des zweiten Faktors zu multiplizieren. Dann multiplizierst du mit der zweiten Ziffer, danach mit der dritten Ziffer. Die Teilprodukte musst du addieren. Beachte den Übertrag.

2 Führe zuerst den Überschlag aus.

a) 634 · 21
b) 60 · 774
c) 888 · 341
d) 4371 · 600
e) 3043 · 234
f) 300 · 487

Merke

Bei der schriftlichen Multiplikation ist es vorteilhaft, wenn du die Zahl als den zweiten Faktor schreibst,

- die weniger Stellen hat, z. B.: nicht $27 \cdot 784$, sondern $784 \cdot 27$;
- bei der gleiche Ziffern folgen, z. B.: nicht $444 \cdot 193$, sondern $193 \cdot 444$;
- bei der Nullen als Ziffern am Ende auftreten, z. B.: nicht $3\,000 \cdot 682$, sondern $682 \cdot 3\,000$.

3 Berechne.

a) $66 \cdot 254$ b) $666 \cdot 221$ c) $599 \cdot 391$ d) $1\,023 \cdot 97$ e) $30 \cdot 749$

4 Kai hat sich ein Mountainbike gewünscht. Dafür müssen die Eltern 16 Monatsraten zu je 39 Euro bezahlen. Wie viel Euro haben die Eltern nach Ablauf der Ratenzahlung bezahlt?

Mündliches und halbschriftliches Dividieren

1 Berechne den Quotienten im Kopf.

a) $200 \cdot 50$ b) $100 \cdot 25$ c) $108 \cdot 4$ d) $120 \cdot 8$ e) $135 \cdot 15$

Merke

Division → dividieren

Quotient (24 : 8)

$24 : 8 = 3$

24 ↑ Dividend; 8 ↑ Divisor; 3 ↑ Wert des Quotienten (kurz: Quotient)

- Die Division ist die Umkehrung der Multiplikation und umgekehrt.

2 a) Der Dividend ist 91 und der Divisor heißt 7. Berechne den Quotienten.
b) Der Quotient ist 19 und der Divisor 5. Wie heißt der Dividend?

3 a) Tom hat im vergangenen Jahr 240 Euro Taschengeld bekommen. Wie viel erhielt er jeden Monat?
b) Luise bekommt ihr Taschengeld wöchentlich. In den letzten 8 Wochen hat sie insgesamt 56 Euro erhalten? Wie viel bekommt sie im Monat?

4 **Bei den Schulmeisterschaften schwimmt Paul eine Bahn in 30 Sekunden. Wie viele Bahnen hat er nach 420 Sekunden zurückgelegt?**

Schriftlich Dividieren ohne Rest

1 **Berechne die Quotienten. Führe die Probe durch.**

a) 23 280 : 3 b) 4 459 : 7 c) 28 186 : 34 d) 18 216 : 44

Beispiel

```
 7436 : 26 = 286          Probe: 286 · 26
-52  ← 26 · 2                    ------
 ---                               572
 223                              1716
-208 ← 26 · 8                     ----
 ----                             7436
  156 ← 26 · 6                    ====
 -156
 ----
    0
```

2 **In einem Großlager werden Orangen in Netze zu je 8 Stück abgepackt.**

a) Wie viele Netze werden für 1 840 Orangen benötigt?
b) Wie viele Orangen müssten in ein Netz verpackt werden, wenn man nur halb so viele Netze zur Verfügung hat?

3 In den ersten 16 Wochen nach der Neueröffnung einer Jugendherberge wurden 27 664 Übernachtungen gebucht.

a) Wie viele Übernachtungen wurden im Durchschnitt pro Woche gebucht?
b) Stimmt es, dass es im Durchschnitt 247 Übernachtungen pro Tag gab?

Schriftliches Dividieren mit Rest

1 a) 847 : 3 b) 714 : 7 c) 946 : 25 d) 5 395 : 62

Beispiel

2 398 : 74 = ?

```
 2398 : 74 = 32 Rest: 30        Probe: 32 · 74
- 222   74 · 3                          -------
 ----                                     128
  178                                    224
- 148   74 · 2                           ------
 ----                                    2368 ← Rest addieren
   30                                    2368 + 30 = 2 398
```

2 a) Berechne den Quotienten der Zahlen 8 665 und 44.
Führe die Probe durch.
b) Dividiere 9 339 durch 39. Prüfe die Lösung mit der entgegengesetzten Rechenart.

2.3 Potenzieren

Du erinnerst dich

- Für die Addition gleicher Summanden gibt es eine vereinfachte Schreibweise, die Multiplikation.
- Für die Multiplikation gleicher Faktoren kennst du noch keine Schreibweise zur Vereinfachung.

Produkte mit gleichen Faktoren als Potenz schreiben – Potenzen als Produkte schreiben – Bestandteile der Potenz bestimmen

1 **Schreibe als Potenz.**

a) $5 \cdot 5 \cdot 5$

b) $2 \cdot 2 \cdot 2 \cdot 2$

c) $7 \cdot 7 \cdot 7 \cdot 7 \cdot 7$

d) $100 \cdot 100 \cdot 100$

Beispiel

Für das Produkt $3 \cdot 3 \cdot 3 \cdot 3$ kannst du die Kurzform 3^4 schreiben.
Du liest 3 hoch 4.
3^4 ist eine Potenz von 3 und zwar die vierte Potenz.
Es gilt: $3 \cdot 3 \cdot 3 \cdot 3 = 3^4$ oder: $3^4 = 3 \cdot 3 \cdot 3 \cdot 3$
$81 = 3^4$ $3^4 = 81$

2 **Schreibe als Produkt und berechne.**

7^2; 1^9; 10^4; 100^3; 12^2; 3^4; 2^5, 5^3; 10^3

Merke

Potenz → potenzieren

Potenz 3^4 = 81

- Exponent (Hochzahl) ↙ (zeigt auf die 4)
- ↑ Basis (Grundzahl) (zeigt auf die 3)
- ↑ Potenzwert (zeigt auf 81)

Basis: Gibt den Faktor an.
Exponent: Gibt an, wie oft der der Faktor auftritt.

3 **Die Basis heißt 6 der Exponent 3. Schreibe die Potenz und berechne ihren Wert.**

Potenzwert ermitteln – Potenzen vergleichen – Besondere Potenzen

1 Stelle die Zahlen als Potenz dar.

49; 1 000; 900; 81; 125; 64; 1 000 000

2 Vergleiche und setze die Zeichen <, =, >.

a) 3^2 ☐ 2^3 b) 3^3 ☐ 6^2 c) 5^2 ☐ 2^5

Merke

- Potenzen mit der Basis 10 heißen Zehnerpotenzen.
- Potenzen mit dem Exponenten 2 heißen Quadratzahlen.
- Potenzen mit dem Exponent 3 heißen Kubikzahlen.

3 Sortiere nach Quadratzahlen, Zehnerpotenzen und Kubikzahlen.

36; 45; 10 000; 64; 81; 1 000; 100; 121; 65; 72; 8; 12; 5; 144; 16; 400; 99

4 Berechne.

a) $6 \cdot 10^2$ b) $5^2 \cdot 3$ c) $16 \cdot 10^2$ d) $5^3 \cdot 10$
e) $4^2 \cdot 10$ f) $7^2 \cdot 4$ g) $2 \cdot 3^3$ h) $10^4 \cdot 4$

Beispiel: $6^3 \cdot 4 = ?$

Potenz 6^3 berechnen $216 \cdot 4$
Mit Faktor 4 multiplizieren $6^3 \cdot 4 = \underline{\underline{864}}$

5 Berechne und setze die Zeichen <, =, >.

a) $5 + 5$ ☐ 5^2; $5 + 5$ ☐ $2 \cdot 5$; $5 \cdot 5$ ☐ 5^2
b) $2 \cdot 10^3$ ☐ 2000; $2 \cdot 10^3$ ☐ $2 + 10^3$; $10^3 + 10^3$ ☐ $2 \cdot 1000$
c) $4^2 \cdot 3$ ☐ $4^2 + 3$; 4^2 ☐ $2 \cdot 4$; $4^2 + 4^2$ ☐ $2^2 \cdot 4$

2.4 Aufgaben mit Klammern

Du erinnerst dich

- Rechenausdrücke, die aus Zahlen, Variablen und Rechenzeichen bestehen, heißen Terme.
- Rechenausdrücke können Klammern enthalten.
  Die Klammern geben dir an, welche Rechnung du zuerst ausführen sollst.
- Die Rechenarten unterteilt man in:
  Strichrechnung → Addition (+) und Subtraktion (–)
  Punktrechnung → Multiplikation (·) und Division (:)

Terme berechnen

1 a) $86 + (214 + 66)$ b) $147 - (34 + 16)$
c) $(29 + 83) \cdot 4$ d) $3 \cdot (225 - 45)$
e) $120 \cdot 3 - 17 \cdot 2$ f) $345 + (230 + 18) \cdot 2$

Regel

- Klammern werden stets zuerst berechnet. → Beispiel 1 und 2
- Punktrechnung geht vor Strichrechnung. → Beispiel 3
- Potenzrechnung geht vor Punktrechnung. → Beispiel 4

Beispiele

1. $(48 - 12) \cdot 9$
↓ ↓
$= 36 \cdot 9$
$= \underline{\underline{324}}$

Du berechnest zuerst die Differenz in der Klammer.
Dann berechnest du das Produkt aus dem Wert der Differenz und dem Faktor .

2. $254 - 3 \cdot (25 + 16)$	Du berechnest zuerst die Summe
↓	in der Klammer.
$= 254 - 3 \cdot 41$	Dann berechnest du das Produkt aus
$= 254 - 123$	dem Wert der Summe und dem Faktor.
$= \underline{\underline{131}}$	Zum Schluss berechnest du die Differenz.
3. $9 \cdot 23 + 125 : 25$	Du beginnst mit der Punktrechnung und berechnest zuerst das Produkt und den Quotienten.
$= 207 + 5$	Danach addierst du den Wert des Produktes
$= \underline{\underline{212}}$	und den des Quotienten..
4. $2^4 \cdot 132$	Du berechnest zuerst den Wert der Potenz.
$= 16 \cdot 132$	Danach berechnest du das Produkt aus
$= \underline{\underline{2\,112}}$	dem Wert der Potenz und dem Faktor.

2 **Berechne.**

a) $273 + (98 - 56)$ b) $7 \cdot (91 + 119) - 29$ c) $75 \cdot 3 + 21 \cdot 129$
d) $1\,360 - (255 - 45)$ e) $354 + (230 + 18) \cdot 2$ f) $3\,725 \cdot 8 - 6 \cdot 105$
g) $(23 + 27) \cdot 2^3$ h) $10^2 \cdot (639 - 28)$ i) $(54 + 106) \cdot 2^3 + 5$

Klammern setzen – Terme berechnen

1 **Setze Klammern so, dass du das vorgegebene Ergebnis für den Platzhalter einsetzen kannst.**

a) $4 + 6 \cdot 7 =$ ▭ (70) b) $9 \cdot 29 - 18 =$ ▭ (99)
c) $32 + 7 \cdot 42 - 32 =$ ▭ (102) d) $28 \cdot 5 - 56 : 4 =$ ▭ (21)

2 **Berechne die Terme und vergleiche die Ergebnisse.**
Setze die Zeichen = und ≠.

a) $20 + 5 \cdot 12 - 8$ ▭ $20 + 5 \cdot (12 - 8)$
b) $(14 + 6) \cdot (18 - 12)$ ▭ $(14 + 6) \cdot 18 - 12$
c) $(250 + 50) : 30 - 5$ ▭ $(250 - 50) : (30 - 5)$

2.5 Gleichungen – Ungleichungen

Du erinnerst dich

- Wenn du zwei Terme durch ein Gleichheitszeichen verbindest, dann entsteht eine Gleichung.
- Verbindest du zwei Terme mit einem Größer- oder Kleinerzeichen (> oder <), dann entsteht eine Ungleichung.
- Den Platzhalter in einer Gleichung oder Ungleichung kannst du durch einen Buchstaben (eine Variable) ersetzen.

Variablen in Gleichungen und Ungleichungen durch Zahlen ersetzen – Aussagen auf „wahr" oder „falsch" überprüfen

1 **Setze in die Gleichung für *a* nacheinander die Zahlen 1, 3 und 7 ein. Dadurch entstehen Aussagen. Sind sie wahr oder falsch?**

a) $6 \cdot a = 18$ b) $6 + a = 13$ c) $45 : a = 15$ d) $45 - 2 \cdot a = 31$

Beispiel

Entsteht eine wahre oder falsche Aussage, wenn du für x die Zahlen 75 und 73 einsetzt?

$$9 + x = 82$$

↙ ↘

$x = 75$ ↓ $9 + 75 = 82$ ↑
Das ist eine falsche Aussage.
75 ist keine Lösung der Gleichung.

$x = 73$ ↓ $9 + 73 = 82$ ↑
Das ist eine wahre Aussage.
73 ist eine Lösung der Gleichung.

2 **Setze in die Ungleichung nacheinander für *x* die Zahlen 2, 3 und 8 ein. Bei welcher Zahl entsteht eine wahre Aussage?**

a) $x \cdot 6 > 46$ b) $80 : x < 18$ c) $224 - x < 218$

Merke

Jede Zahl, die beim Einsetzen in eine Gleichung oder Ungleichung eine wahre Aussage ergibt, nennt man Lösung der Gleichung oder Ungleichung.

Gleichungen und Ungleichungen lösen

1 **Welche der Zahlen 25, 20 und 15 sind Lösungen der Gleichungen?**

a) $200 - 6 \cdot x = 80$ b) $9 \cdot x + 14 = 140$ c) $506 = 632 - 9 \cdot x$

2 **Für welche der Zahlen 3, 4 und 5 ist die Ungleichung wahr?**

a) $14 \cdot x < 44$ b) $122 > 41 \cdot x$ c) $126 > 25 \cdot x$ d) $72 - 12 \cdot x < 24$

3 **Ermittle die Lösung der Gleichungen.**

a) $99 : x = 11$ b) $76 + x = 108$ c) $12 \cdot x = 84$ d) $333 - x = 195$

Beispiel

Gesucht ist die Lösung der Gleichung $49 - x = 21$.
Lösung ist die Zahl, die von 49 subtrahiert 21 ergibt, denn dann entsteht eine wahre Aussage.
Da $49 - 28 = 21$ ist und das eine wahre Aussage ist, heißt die Lösung der Gleichung 28.
$x = 28$ ist die Lösung der Gleichung $49 - x = 21$.

4 Welche Zahlen erfüllen die Ungleichung?

a) $x + 9 < 13$ b) $6 - x > 1$ c) $12 : x > 3$
d) $6 \cdot x < 17$ e) $7 + x < 11$

Beispiel

Gesucht sind alle Zahlen, die Lösung der Ungleichung sind:
$4 \cdot x < 20$
Eine wahre Aussage entsteht immer dann, wenn die mit 4 multiplizierte Zahl kleiner als 20 ist. Das ist bei den Zahlen 0, 1, 2, 3 und 4 der Fall.
$4 \cdot 0 < 20$ (wahre Aussage);
$4 \cdot 1 < 20$ (wahre Aussage)
$4 \cdot 2 < 20$ (wahre Aussage);
$4 \cdot 3 < 20$ (wahre Aussage)
$4 \cdot 4 < 20$ (wahre Aussage)
Die Zahlen 0, 1, 2, 3 und 4 sind Lösungen der Ungleichung $4 \cdot x < 20$.

5 Welche Zahlen von 5 bis 10 sind Lösungen ...
... der Gleichungen:
a) $4 \cdot x = 32$ b) $a + 63 = 72$ c) $75 : y = 15$ d) $91 - a = 83$
... der Ungleichungen:
e) $z + 24 < 30$ f) $6 \cdot x < 35$ g) $2 \cdot x < 17$ h) $z + 24 > 30$

6 Schreibe die Gleichung auf und löse sie.

a) Wenn du zu x die Zahl 14 addierst, dann erhältst du die Zahl 128.
b) Subtrahiere das Zweifache von 21 von y und du erhältst 180.
c) Multipliziere a mit 8 und du erhältst 192.

2.6 Teiler und Vielfache

Du erinnerst dich

- Zahlen kannst du als Produkte darstellen.
- Jede Zahl kannst du mit einer anderen Zahl multiplizieren. Du erhältst dann das Vielfache der Zahl.
- Eine Zahl ist teilbar, wenn sie sich ohne Rest dividieren lässt.

Teiler einer Zahl bestimmen

Merke

Wenn du eine Zahl a durch eine Zahl b ($b \neq 0$) ohne Rest dividieren kannst, dann ist a teilbar. Das bedeutet, dass es eine Zahl x gibt, für die gilt:

$\frac{a}{b} = x$

$b \cdot x = a$

Du sprichst: b teilt a.

Du schreibst: $b \mid a$.

1 **Wie heißen die Teiler der Zahlen?**

a) 49 b) 100 c) 72 d) 150 e) 66 f) 10 g) 99

Beispiel

Gesucht sind alle Teiler von 36.

Lösungsweg: Du suchst alle Produkte mit dem Wert 36.

Mit jedem Produkt erhältst du zwei Faktoren. Beide sind Teiler von 36.

Beginne mit der Zahl 1 als Faktor.

$36 = 1 \cdot 36$	Die Zahlen 1, 2, 3, 4, 9, 12, 18 und 36
$36 = 2 \cdot 18$	sind Teiler der Zahl 36.

$36 = 3 \cdot 12$
$36 = 4 \cdot 9$
Beachte: Jede Zahl a ($a \neq 0$) ist Teiler von sich selbst.

2 **Gib die Teilermenge der Zahlen an.**

a) 55 b) 64 c) 70 d) 84 e) 81 f) 280

Beispiel

Teilermenge von 36 ist gesucht. Zuerst bestimmst du die Teiler der gegebenen Zahl wie im Beispiel oben:
1, 2, 3, 4, 9, 12, 18 und 36 sind Teiler von 36,
dann gibst du die Teiler von 36 als Menge (Teilermenge) an und schreibst:
$T_{36} = \{1, 2, 3, 4, 9, 12, 18, 36\}$.

3 **Trage für die Platzhalter die fehlenden Teiler der Teilermenge ein.**

a) $T_8 = \{\square, 2, 4, \square\}$
b) $T_6 = \{\square, 2, \square, \square\}$
c) $T_{25} = \{\square, \square, 25\}$
d) $T_{18} = \{1, \square, 3, \square, \square, \square\}$
e) $T_{44} = \{\square, \square, 4, \square, \square, \square\}$
f) $T_{34} = \{\square, \square, \square, 34\}$

4 **Setze das richtige Zeichen: teilt → |; teilt nicht → ∤ ein.**

a) 100 ☐ 1 000
b) 7 ☐ 29
c) 100 ☐ 1 350
d) 12 ☐ 112

5 **Die Schüler der 5. Klassen sollen in gleich große Gruppen eingeteilt werden. Wie viele Möglichkeiten gibt es für jede Klasse? Lege für jede Klasse eine Tabelle an. Trage alle Möglichkeiten ein.**
Klasse 5a: 28 Schüler
Klasse 5b: 24 Schüler

Vielfache einer Zahl bestimmen

1 **Bilde die ersten drei Vielfachen von:**
9; 27; 17; 69; 115; 100; 10; 11.

Beispiel

Gesucht werden die ersten drei Vielfachen von 15.
Lösung: 1 · 15;2 · 15;3 · 15

↓ ↓ ↓

15; 30; 45 sind die ersten drei Vielfachen von 15.

Alle Vielfachen von 15 kannst du zur Vielfachmenge zusammenfassen.
Du schreibst für die Vielfachmenge von 15:
$V_{15} = \{15, 30, 45, 60, 75, ...\}$
In der Vielfachmenge von 15 sind die ersten drei Vielfachen von 15 enthalten.

2 **Notiere die ersten fünf Vielfachen der Vielfachmenge.**

a) 25 b) 19 c) 100 d) 112 e) 450

3 **Trage für die Platzhalter die Vielfachen der jeweiligen Vielfachmenge ein.**

a) $V_6 = \{$ ☐ ; ☐ ; ...$\}$
b) $V_9 = \{$ ☐ ; 18; ☐ ; ...$\}$
c) $V_4 = \{$ ☐ ; ☐ ; 16; ☐ ; ...$\}$

4 **Wahr oder falsch?**

a) 71 ist ein Vielfaches von 8.
b) 125 ist ein Vielfaches von 25.
c) 180 ist ein Vielfaches von 60.
d) 230 ist ein Vielfaches von 30.

Test Kapitel 2

1 Berechne die Produkte und Quotienten. Überschlage zuerst und führe dann die Probe durch. |8|

a) $32 \cdot 948$ b) $405 \cdot 3235$ c) $555 \cdot 49$ d) $6909 : 9$

2 Setze die richtigen Zeichen: >, =, < ein. |6|

a) $17 + 17 \; \square \; 17^2$ b) $38^2 \; \square \; 2 \cdot 38$ c) $15 + 15 + 15 \; \square \; 15^3$

3 Löse die Gleichung. Führe die Probe durch. |8|

a) $384 - x = 212$ b) $100 \cdot a = 1000$
c) $72 : a = 9$ d) $54 - 3 \cdot z = 36$

4 Wie heißt die Lösungsmenge? |8|

a) $x + 5 < 11$ b) $15 > 12 + a$ c) $9 \cdot z < 35$ d) $3 \cdot y < 12$

5 Gib die Teilermengen an. |6|

a) T_9 b) T_{36} c) $T_{12} = \{\square, \square, 3, \square, 6, \square\}$

6 Wahr oder falsch? Begründe. |12|

a) 83 ist Vielfaches von 7. b) $9 \mid 81$
c) $6^4 = 4 \cdot 6$ d) 110 ist Vielfaches von 11.
e) $15 \mid 125$ f) $7^3 = 7 + 7 + 7$

7 Im Garten wirft ein Maulwurf in einer Stunde mehrere Erdhügel mit einem Gesamtgewicht von 4950 g auf. Der Maulwurf wiegt 90 g. Das Wievielfache seines Körpergewichts hat der Maulwurf in dieser Zeit an Erde aufgeworfen? |2|

||50||

Wie viele Punkte hast du? Erreichst du mehr als 39 Punkte, beherrschst du den Inhalt des Kapitels wirklich gut. Erreichst du weniger als 20 Punkte, dann solltest du dieses Kapitel wiederholen.

3 ANTEILE – BRÜCHE

Was du schon können musst:

1. Teile eines Ganzen benennen und kennzeichnen, wie z. B. die Hälfte, ein Viertel, ein Drittel, ein Dreiviertel.
2. Natürliche Zahlen auf dem Zahlenstrahl und in der Stellenwerttafel darstellen, die Zahlen vergleichen, ordnen und mit ihnen rechnen.

Darum geht es

In diesem Kapitel lernst du,
- Teile eines Ganzen als Bruch zu schreiben;
- Brüche auf dem Zahlenstrahl und in der Stellenwerttafel darzustellen;
- Brüche zu vergleichen, zu ordnen und mit ihnen zu rechnen.

3.1 Bestimmen von Teilen eines Ganzen

Du erinnerst dich

- Ein Ganzes kannst du in gleich große Teile zerlegen.
- Die Teile eines Ganzen haben einen Namen. Du kennst bereits Viertel, Halbe, Dreiviertel und Drittel eines Ganzen.

Teile eines Ganzen bestimmen und benennen

1 Die dargestellten Figuren sind jeweils ein Ganzes. In wie viele gleich große Teile ist die Figur zerlegt? Wie heißt ein solches Teil?

a) 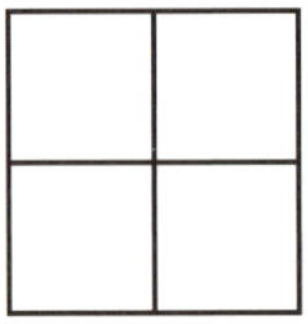

b) 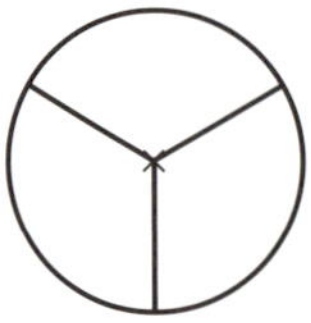

c) 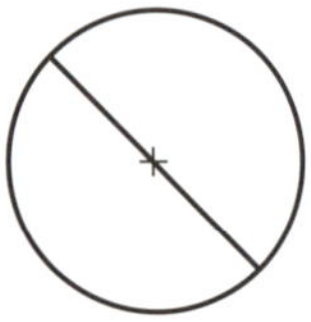

d) 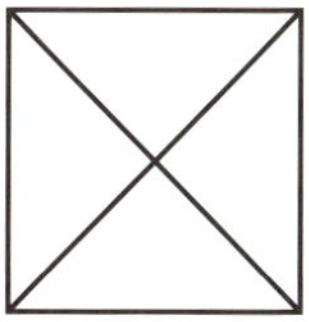

e) 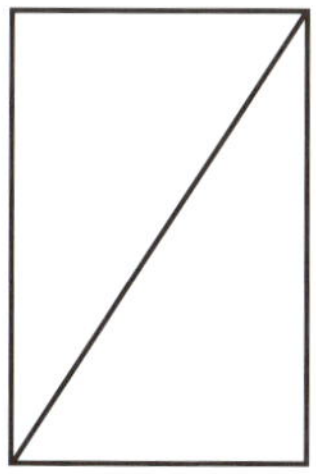

Beispiel

In wie viele gleich große Teile wurde zerlegt? Wie heißen diese Teile?

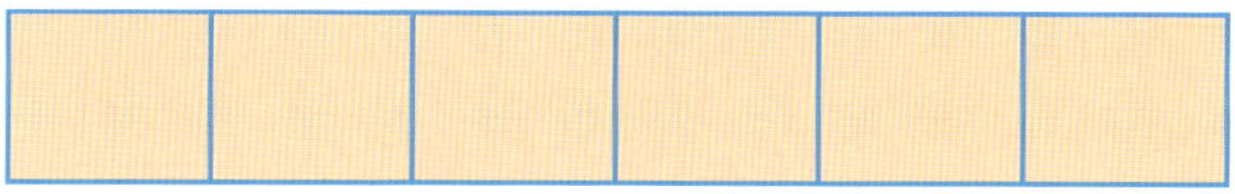

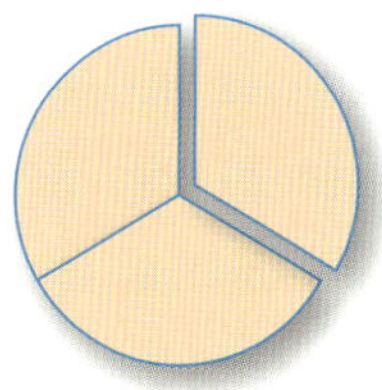

Das Rechteck wurde in 6 gleiche große Teile zerlegt.
Ein Teil heißt ein Sechstel.
Der Kreis wurde in 3 gleich große Teile zerlegt.
Ein Teil heißt ein Drittel.

Merke

Zerlegst du ein Ganzes in 2, 3, 4, 5, 6 ... gleich große Teile, so erhältst du Halbe, Drittel, Viertel, Fünftel, Sechstel ...
Du schreibst:
ein Halbes → $\frac{1}{2}$; ein Viertel → $\frac{1}{4}$; ein Drittel → $\frac{1}{3}$; ein Fünftel → $\frac{1}{5}$ ...

2 **Ein Schwimmclub hat 72 Mitglieder. Wie viele Mitglieder davon sind:**

a) die Hälfte; b) ein Viertel; c) Dreiviertel; d) ein Sechstel?

Merke

Einen oder mehrere Anteile eines Ganzen kannst du als Bruch angeben, z. B.:

Bruchstrich → $\frac{3}{4}$ ← Zähler: Gibt an, wie viele Teile es sind.
← Nenner: Gibt an, in wie viele gleich große Teile das Ganze zerlegt wurde.
↑
gemeiner Bruch

Brüche darstellen – Anteile als Bruch angeben

1 Markiere jeweils die angegebenen Teile der Figuren farbig.

a) $\frac{1}{3}$

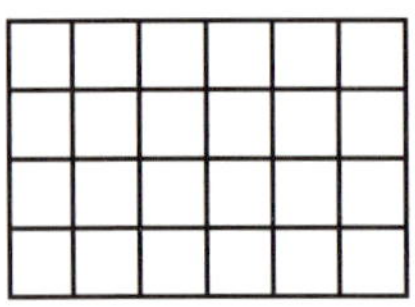

b) $\frac{1}{4}$

c) $\frac{2}{3}$

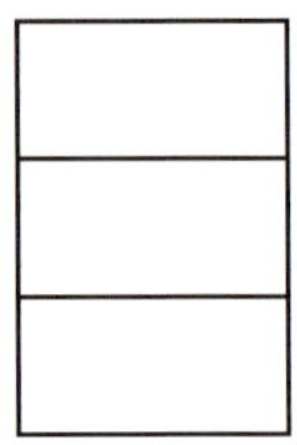

d) $\frac{3}{4}$

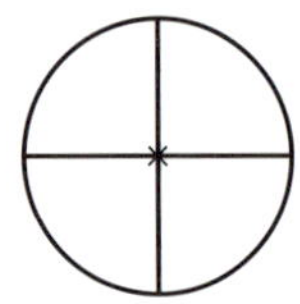

2 Wie heißt der Bruch mit folgenden Merkmalen?

a) Sein Zähler ist 5 und sein Nenner ist 8.
b) Sein Nenner ist 12 und sein Zähler 7.
c) Der Nenner ist 23. Der Zähler ist um 9 kleiner als der Nenner.
d) Der Zähler ist 11. Der Nenner ist doppelt so groß wie der Zähler.

3 Berechne den Anteil.

a) $\frac{1}{5}$ von 175   b) $\frac{2}{3}$ von 1 500   c) $\frac{3}{10}$ von 20 km   d) $\frac{1}{4}$ von 800 €

Beispiel

$\frac{3}{4}$ von 100 m?
Du berechnest zuerst $\frac{1}{4}$ von 100 m: → 100 m : 4 = 25 m.
$\frac{3}{4}$ sind $3 \cdot \frac{1}{4}$, also rechnest du $3 \cdot 25$ m = 75 m, $\frac{3}{4}$ von 100 m sind 75 m.

4 **Wie viel fehlt bis zu einem Ganzen?**

a) $\frac{5}{7}$ b) $\frac{21}{25}$ c) $\frac{9}{13}$ d) $\frac{7}{10}$ e) $\frac{14}{15}$ f) $\frac{1}{30}$

Beispiel

Wie viel fehlt bis zum Ganzen?

1. $\frac{1}{7} \rightarrow \frac{7}{7}$ sind ein Ganzes. $\frac{1}{7}$ hast du schon, also fehlen noch $\frac{6}{7}$ bis zum Ganzen.
2. $\frac{4}{9} \rightarrow \frac{9}{9} = 1$, $\frac{4}{9}$ hast du schon, also fehlen noch $\frac{5}{9}$ bis zum Ganzen.

Merke

Die Differenz aus Nenner und Zähler ergibt die Anzahl der fehlenden Anteile bis zum Ganzen.

3.2 Darstellen von gemeinen Brüchen auf dem Zahlenstrahl

Du erinnerst dich

- Jede natürliche Zahl kannst du auf dem Zahlenstrahl durch einen Punkt darstellen.
- Jede natürliche Zahl, die links von einer Zahl auf dem Zahlenstrahl steht, ist kleiner als diese Zahl.
- Jede natürliche Zahl, die rechts von einer Zahl auf dem Zahlenstrahl steht, ist größer als diese Zahl.

Gemeine Brüche auf dem Zahlenstrahl darstellen

1 **Zeichne einen Zahlenstrahl von 0 bis 2. Wähle für eine Einheit 2 cm. Trage folgende Brüche an.**

$\frac{1}{2}$; $\frac{3}{4}$; $\frac{8}{10}$; $\frac{1}{5}$; $\frac{4}{5}$; $\frac{1}{4}$

Beachte Gemeine Brüche wie $\frac{1}{2}$, $\frac{3}{2}$; $\frac{1}{5}$; $\frac{5}{7}$ usw. kannst du genauso wie die natürlichen Zahlen auf einem Zahlenstrahl darstellen.

2 **Gib zu den Punkten des Zahlenstrahls die dazugehörigen Brüche an.**

a)

b)
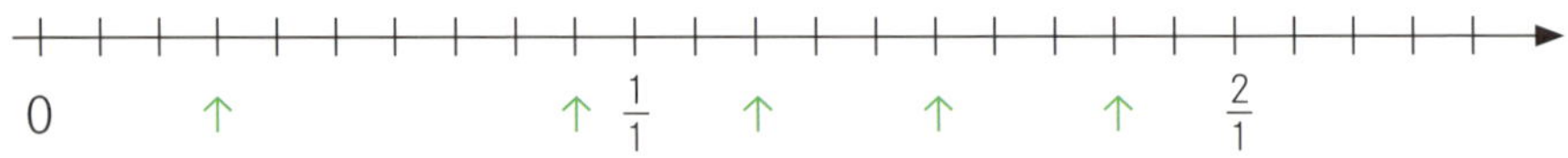

3 **Stimmt die Aussage? Begründe mit der Lage der Zahlen (Brüche) auf dem Zahlenstrahl.**

a) $\frac{3}{4} < \frac{5}{6}$ b) $\frac{12}{7} > \frac{4}{7}$ c) $\frac{8}{8} = \frac{4}{4}$ d) $\frac{1}{1} = \frac{10}{10}$ e) $\frac{7}{7} = \frac{14}{7}$

3.3 Arten von Brüchen

Du erinnerst dich

- Brüche mit gleichem Zähler und Nenner ergeben immer ein Ganzes. Für diese Brüche darfst du eine natürliche Zahl schreiben, z. B.: $\frac{4}{4} = 1$; $\frac{7}{7} = 1$; $\frac{2}{2} = 1$; $\frac{23}{23} = 1$; $\frac{100}{100} = 1$.

Echte Brüche, unechte Brüche und gleichnamige Brüche erkennen und bestimmen

Merke

Bei echten Brüchen ist der Zähler kleiner als der Nenner.
z. B.: $\frac{1}{2}$; $\frac{13}{25}$; $\frac{7}{9}$ ...

Bei unechten Brüchen ist der Zähler größer als der Nenner.
z. B.: $\frac{13}{4}$; $\frac{7}{2}$; $\frac{8}{4}$; $\frac{29}{13}$ ...
Gleichnamige Brüche haben den gleichen Nenner.
z. B.: $\frac{3}{2}$ und $\frac{7}{2}$; $\frac{5}{3}$ und $\frac{1}{3}$; $\frac{1}{4}$ und $\frac{3}{4}$; $\frac{5}{24}$ und $\frac{7}{24}$ ...

1 Bestimme:

a) alle echten Brüche; b) alle unechten Brüche.

$\frac{1}{3}$; $\frac{5}{8}$; $\frac{7}{2}$; $\frac{3}{9}$; $\frac{16}{19}$; $\frac{17}{15}$; $\frac{32}{35}$; $\frac{41}{18}$; $\frac{9}{19}$; $\frac{7}{3}$; $\frac{9}{2}$; $\frac{2}{15}$; $\frac{3}{10}$; $\frac{1}{35}$; $\frac{5}{18}$; $\frac{1}{18}$; $\frac{13}{10}$; $\frac{6}{8}$; $\frac{3}{2}$

2 Bilde drei Gruppen mit gleichnamigen Brüchen.

$\frac{7}{3}$; $\frac{15}{4}$; $\frac{3}{10}$; $\frac{1}{3}$; $\frac{8}{10}$; $\frac{3}{4}$; $\frac{16}{3}$; $\frac{11}{10}$; $\frac{21}{10}$

Unechte Brüche in gemischte Zahlen umwandeln

1 Wandle die unechten Brüche in eine gemischte Zahl um.

$\frac{9}{2}$; $\frac{11}{4}$; $\frac{13}{6}$; $\frac{5}{4}$; $\frac{35}{11}$; $\frac{27}{10}$

Beispiel

$\frac{8}{3}$ als gemischte Zahl schreiben.

$\frac{8}{3} = 8 : 3 = 2 + 2 : 3$
$= 2 + \frac{2}{3}$

↑ Ganzer Anteil ↑ Bruchanteil

$\frac{8}{3} = 2\frac{2}{3}$

2 **Schreibe die gemischte Zahl als Bruch.**

$1\frac{1}{4}$; $1\frac{5}{6}$; $2\frac{1}{3}$; $3\frac{2}{5}$; $1\frac{3}{4}$; $2\frac{7}{10}$

Beispiel

$3\frac{1}{5}$ als Bruch schreiben.

1. Schreibe die gemischte Zahl als Summe aus ganzer Zahl und Bruch
   → $3\frac{1}{5} = 3 + \frac{1}{5}$.
2. Schreibe die ganze Zahl als Fünftel
   Weil $1 = \frac{5}{5}$; ist $3 = \frac{15}{5}$.
3. Addiere die Fünftel: $\frac{15}{5} + \frac{1}{5} = \frac{16}{5}$.
4. Lösung: $3\frac{1}{5} = \frac{16}{5}$.

Gleichnamige Brüche vergleichen und ordnen

1 **Setze die Zeichen < und > ein.**

$\frac{3}{2}$ ☐ $\frac{5}{2}$; $\frac{7}{4}$ ☐ $\frac{3}{4}$; $\frac{13}{10}$ ☐ $\frac{11}{10}$; $\frac{15}{30}$ ☐ $\frac{45}{30}$

Merke

Von zwei gleichnamigen Brüchen ist derjenige der größere Bruch, der den größeren Zähler hat.

Beispiel: Größer oder kleiner?

$\frac{3}{5}$ und $\frac{6}{5}$

1. Du prüfst, ob die Brüche gleichnamig sind.
   Ja, sie sind gleichnamig, weil sie den gleichen Nenner haben.
2. Du vergleichst die Zähler.
   $3 < 6$, also ist $\frac{3}{5} < \frac{6}{5}$.

2 Ordne die Brüche nach ihrer Größe. Beginn mit dem kleinsten Bruch.

a) $\frac{19}{8}$; $\frac{5}{8}$; $\frac{4}{8}$; $\frac{9}{8}$; $\frac{16}{8}$; $\frac{7}{8}$; $\frac{13}{8}$; $\frac{21}{8}$

b) $\frac{5}{2}$; $\frac{1}{2}$; $\frac{17}{2}$; $\frac{2}{2}$; $\frac{0}{2}$; $\frac{7}{2}$; $\frac{4}{2}$; $\frac{15}{2}$; $\frac{11}{2}$

3.4 Zehnerbrüche – Dezimalbrüche

Du erinnerst dich

- In der Stellenwerttafel kannst du alle natürlichen Zahlen darstellen.
- Die Einer (E), die Zehner (Z), die Hunderter (H), die Tausender (T) kannst du als Zehnerpotenz ($1 = 10^0$; $10 = 10^1$; $100 = 10^2$; $1\,000 = 10^3$ ...) schreiben.

Zehnerbrüche in Dezimalbrüche umwandeln

Merke

- Zehnerbrüche sind gemeine Brüche, bei denen im Nenner 10, 100, 1 000 steht.
- Jeden Zehnerbruch kannst du als Dezimalbruch schreiben.

1 Wandle in Dezimalbrüche um.

$\frac{1}{1\,000}$; $\frac{7}{10}$; $\frac{3}{100}$; $\frac{9}{10\,000}$; $3\frac{25}{100}$; $\frac{1}{100}$; $\frac{245}{1\,000}$; $\frac{47}{100}$; $\frac{618}{10}$

Beispiel

$\frac{3}{10}$; $\frac{5}{100}$; $\frac{2}{1000}$; $2\frac{55}{1000}$ in Dezimalbrüche umwandeln.

1. Erweitere die Stellenwerttafel nach rechts um Zehntel(z), Hundertstel (h), Tausendstel (t)

2. Trage ein:

	10^3 T	10^2 H	10^1 Z	10^0 E	10^{-1} z	10^{-2} h	10^{-3} t	Schreibe
$\frac{3}{10}$ → 0 E, 3 z				0	3			0,3
$\frac{5}{100}$ → 0 E, 0 z, 5 h				0	0	5		0,05
$\frac{2}{1000}$ → 0 E, 0 z, 0 h, 2 t				0	0	0	2	0,002
$2\frac{55}{1000}$ → 2 E, 0 z, 5 h, 5 t				2	0	5	5	2,055

Lösung: $\frac{3}{10} = 0{,}3$; $\frac{5}{100} = 0{,}05$; $\frac{2}{1000} = 0{,}002$; $2\frac{55}{1000} = 2{,}055$

Dezimalbrüche in Zehnerbrüche umwandeln

1 Trage die Dezimalbrüche in die Stellenwerttafel ein und schreibe sie dann als Zehnerbrüche.

0,9; 0,73; 0,254; 15,4; 0,432; 3,51; 24,4; 235,07

2 Die Angaben deines Taschenrechners kannst du als Zehnerpotenz oder als Dezimalbruch schreiben:

$6.^{-5}$; $4.^{-3}$; $8.^{-9}$; $4.^{-2}$; $3.^{7}$; $4.^{8}$; $21.^{6}$.

Beispiel

Der Rechner zeigt die Angabe $4.^{-6}$

1. Dafür schreibst du die Zehnerpotenz: $= 4 \cdot 10^{-6}$ → bedeutet 6 Stellen nach dem Komma

$4.^{-6} = 4 \cdot 10^{-6} = 0{,}000\,004$

2. Der Rechner zeigt die Angabe: $3.^{6}$
Dafür schreibst du die Zehnerpotenz: $= 3 \cdot 10^{6}$ → bedeutet 6 Nullen an den Faktor 3 anhängen

$$3.^{6} = 3 \cdot 10^{6} = 3\,000\,000$$

Zehnerbrüche mit dem Nenner 100 in Prozentschreibweise angeben

Merke

Für Zehnerbrüche mit dem Nenner 100 kannst du die Prozentschreibweise angeben:
$\frac{1}{100} = 1\,\%$ (du sprichst: 1 Prozent)

1 Wie viel Prozent sind:

$\frac{9}{100}$; $\frac{25}{100}$; $\frac{80}{100}$; $\frac{34}{100}$; $\frac{99}{100}$; $\frac{75}{100}$; $\frac{10}{100}$; $\frac{12}{100}$?

2 Schreibe als Zehnerbruch und als Dezimalbruch.
Die Tabelle hilft dir dabei.

Dezimalbruch	0,01	0,1	0,25	0,50	0,75	1,00	3,00
Zehnerbruch	$\frac{1}{100}$	$\frac{1}{10}$	$\frac{25}{100}$	$\frac{50}{100}$	$\frac{75}{100}$	$\frac{100}{100}$	$\frac{300}{100}$
Prozent	1 %	10 %	25 %	50 %	75 %	100 %	300 %

20 %; 55 %; 74 %; 9 %; 86 %; 200 %; 450 %; 5 %; 10 %

Anteile von Grundeinheiten

1 Schreibe als Dezimalbruch. Beachte dabei die Einheiten.

a) $\frac{85}{100}$ € b) $\frac{5}{100}$ m c) $\frac{50}{100}$ cm d) $\frac{500}{1\,000}$ kg e) $\frac{900}{1\,000}$ t

2 **Trage die fehlenden Einheiten ein.**

a) $\frac{35}{100}$ ___ = 35 cm b) $\frac{250}{100}$ ___ = 2,5 m c) $\frac{75}{100}$ ___ = 0,75 €

3.5 Addition und Subtraktion von Brüchen

Du erinnerst dich

- Brüche mit gleichem Nenner heißen gleichnamige Brüche.
- Brüche mit verschiedenen Nennern heißen ungleichnamige Brüche.

Gleichnamige Brüche addieren und subtrahieren

Regel

Addition

Gleichnamige Brüche werden addiert, indem du die Zähler addierst und den Nenner beibehältst. Z. B.: $\frac{73}{100} + \frac{18}{100} = \frac{91}{100}$

Subtraktion

Gleichnamige Brüche werden subtrahiert, indem du die Zähler subtrahierst und den Nenner beibehältst. Z. B.: $\frac{84}{91} - \frac{27}{91} = \frac{57}{91}$

1 **Berechne die Summen und Differenzen.**

a) $\frac{3}{7} + \frac{2}{7}$ b) $\frac{11}{25} + \frac{7}{25}$ c) $\frac{19}{12} - \frac{8}{12}$ d) $\frac{57}{65} - \frac{46}{65}$

2 **Addiere und gib das Ergebnis als gemischte Zahl an.**

a) $\frac{4}{7} + \frac{1}{7} + \frac{3}{7}$ b) $\frac{19}{11} + \frac{4}{11} + \frac{5}{11}$ c) $\frac{35}{39} + \frac{10}{39} + \frac{5}{39}$

Dezimalbrüche addieren und subtrahieren

Merke

- Schreibe beim Addieren und Subtrahieren von Dezimalbrüchen diese so untereinander, dass Komma unter Komma steht.
- Beginne dann von rechts stellenweise zu addieren oder zu subtrahieren.
- Wenn die Dezimalbrüche nicht gleich viele Stellen hinter dem Komma haben, dann füllst du die fehlenden Stellen mit Nullen auf.

1 Berechne die Summen und Differenzen.

a) 0,2 + 0,71	b) 2,45 + 0,3	c) 4,25 + 0,75	d) 0,38 + 0,87
e) 12,7 – 0,43	f) 25,8 – 0,95	g) 32,41 – 11,33	h) 29 – 11,7

Beispiele

	31,8 – 17,35 = ?	8,37 + 11,15 = ?
1. Zahlen untereinanderschreiben;	Ü.: 32 – 17 = 15	Ü.: 8 + 11 = 19
Komma unter Komma	31,80	8,37
2. Gleich viele Stellen hinter dem	– 17,35	+ 11,15
Komma durch Anhängen einer	1 1	1
Null sichern	14,45	19,52
3. Stellenweise subtrahieren		
4. Komma setzen		

2 Sven benötigt zum Inlineskaten eine neue Schutzbekleidung. Er kauft einen Helm für 29,24 €, Ellbogenschützer für 13,50 €, Gelenkschützer für 18,25 € und Knieschützer für 15 €.

a) Wie viel muss er für diese Ausstattung bezahlen?

b) Seine Mutter bezahlt mit zwei 50-€-Scheinen.
Wie viel Geld bekommt sie zurück?

3.6 Brüche vervielfachen und teilen

Du erinnerst dich

- Du vervielfachst eine Zahl, indem du diese Zahl mit einer anderen Zahl multiplizierst → vervielfachen = multiplizieren.
- Du darfst beim Multiplizieren die Faktoren vertauschen. Es gilt das Kommutativgesetz.
- Du teilst eine Zahl, indem du sie durch eine andere Zahl dividierst → teilen = dividieren.
- Dividieren durch null ist nicht erlaubt.

Gemeine Brüche vervielfachen

Regel

Du vervielfachst einen Bruch, indem du den Zähler des Bruches mit einer natürlichen Zahl multiplizierst. Der Nenner bleibt unverändert.

1 Berechne das Fünffache.

a) $\frac{1}{6}$ b) $\frac{3}{7}$ c) $\frac{7}{2}$ d) $\frac{22}{31}$ e) $\frac{15}{17}$ f) $\frac{11}{3}$ g) $\frac{11}{13}$

Beispiel

Berechne das Dreifache von $\frac{4}{7}$.

$\frac{4}{7} \cdot 3 = \frac{4 \cdot 3}{7} = \frac{12}{7}$ oder $3 \cdot \frac{4}{7} = \frac{3 \cdot 4}{7} = \frac{12}{7}$

2 Vervielfache mit 9.

a) $\frac{2}{3}$ b) $\frac{11}{15}$ c) $\frac{20}{31}$ d) $\frac{10}{7}$ e) $\frac{100}{250}$ f) $\frac{1}{9}$

3 Berechne.

a) $\frac{7}{5} \cdot 4$ b) $8 \cdot \frac{12}{7}$ c) $11 \cdot \frac{1}{4}$ d) $\frac{5}{11} \cdot 12$ e) $10 \cdot \frac{1}{10}$ f) $13 \cdot \frac{3}{8}$

Gemeine Brüche teilen

Regel

Du teilst einen Bruch durch eine natürliche Zahl, indem du den Nenner des Bruches mit der natürlichen Zahl multiplizierst.

1 Teile durch 5.

a) $\frac{1}{7}$ b) $\frac{3}{5}$ c) $\frac{5}{8}$ d) $\frac{11}{20}$ e) $\frac{9}{11}$ f) $\frac{6}{9}$ g) $\frac{11}{3}$

Beispiel

Teile $\frac{4}{7}$ durch 3.

$\frac{4}{7} : 3 = \frac{4}{7 \cdot 3}$ Nenner mit dem Divisor multiplizieren.

$\frac{4}{7} : 3 = \frac{4}{21}$

2 Berechne.

a) $\frac{27}{8} : 9$ b) $\frac{11}{13} : 3$ c) $\frac{13}{2} : 10$ d) $\frac{48}{6} : 4$ e) $\frac{1}{2} : 6$ f) $\frac{4}{5} : 7$

Dezimalbrüche vervielfachen mit 10, 100, 1000 …

Regel

Du **multiplizierst** einen Dezimalbruch mit 10, 100, 1 000 …, indem du das **Komma** um eine (bei 10), zwei (bei 100), drei (bei 1000) … Stellen **nach rechts** verschiebst. Wenn rechts nicht mehr genügend Ziffern stehen, so fügst du Nullen an.

1 a) 4,25 · 10 b) 32,7 · 100 c) 1,734 · 100 d) 1,73 · 1 000
e) 0,79 · 10 f) 100 · 0,082 g) 0,001 · 10 h) 100 · 0,02

Beispiele

1. 3,74 · 10 ← eine Stelle das Komma nach rechts verschieben
= 37,4
2. 3,74 · 100 ← zwei Stellen das Komma nach rechts verschieben
= 374
3. 3,74 · 1 000 ← drei Stellen das Komma nach rechts verschieben
= 3 740 Da nicht genügend Ziffern nach dem Komma stehen, hängst du eine Null an.

2 **Gib den Wert der Produkte an.**

a) 1,43 · 100 b) 100 · 0,82 c) 0,043 · 10 d) 1 000 · 0,039

3 **Trage die Rechenvorschrift für den Platzhalter an.**

a) 0,71 ——→ 7,1 b) 6,45 ——→ 645 c) 53,1 ——→ 53 100

Dezimalbrüche durch 10, 100, 1 000 … teilen

Regel

Du **dividierst** (teilst) einen Dezimalbruch durch 10, 100, 1 000 …, indem du das **Komma** um eine (bei 10), um zwei (bei 100), um drei (bei 1 000) … Stellen **nach links** verschiebst. Wenn links nicht mehr genügend Ziffern stehen, dann ergänzt du Nullen.

1 a) 12,3 : 10 b) 6,35 : 10 c) 28,2 : 100 d) 234,9 : 1 000

Beispiele

1. 7,9 : 10 ← eine Stelle das Komma nach links verschieben.
   = 0,79
2. 7,9 : 100 ← zwei Stellen das Komma nach links verschieben.
   = 0,079 Da links nicht mehr genügend Ziffern stehen, musst du eine Null vor die 7 einfügen und das Komma setzen.
3. 7,9 : 1 000 ← drei Stellen das Komma nach links verschieben.
   = 0,0079 Da links nicht mehr genügend Ziffern stehen, fügst du zwei Nullen vor der 7 ein und setzt das Komma.

2 **Gib die Rechenvorschrift für den Platzhalter an.**

a) 29,54 ⟶ 0,2954 b) 1 293 ⟶ 1,293 c) 0,073 ⟶ 730

3 **Das Telefonbuch der Stadt Leipzig für das Jahr 2007/2008 hat 1 024 Seiten. 10 Seiten sind 0,51 mm dick.**

a) Wie dick ist eine Seite?
b) Wie dick ist das Telefonbuch, wenn die beiden Umschlagseiten zusammen 0,4 mm dick sind?

Dezimalbrüche mit einer natürlichen Zahl multiplizieren

Regel

Einen Dezimalbruch multiplizierst du mit einer natürlichen Zahl zunächst so, als wäre kein Komma vorhanden. Im Ergebnis setzt du dann das Komma so, dass so viele Stellen nach dem Komma entstehen, wie der Dezimalbruch in der Aufgabe hat.

1 a) 24,9 · 8 b) 0,75 · 5 c) 0,0032 · 12
d) 43,51 · 23 e) 26 · 0,02

Beispiel

Der Dezimalbruch in der Aufgabe hat zwei Stellen nach dem Komma, also muss das Ergebnis auch zwei Stellen nach dem Komma haben.

21,37 · 4 Ü: 21 · 4 = 84
= 85,48

2 **Überschlage zuerst und berechne dann das Produkt.**

a) 417,3 · 5 b) 39,07 · 3 c) 0,95 € · 31
d) 225 kg · 12,3 e) 0,0448 m · 29 f) 21 km · 4,91

3 **Berechne von jedem Aufgabenpaket nur ein Produkt. Gib den Wert der Produkte der anderen Aufgaben des jeweiligen Paketes durch Verschieben des Kommas an.**

a)	b)	c)
52 · 12	21 · 17	15 · 25
5,2 · 12	2,1 · 17	15 · 2,5
0,52 · 12	0,21 · 17	15 · 0,25

4 **Robert hat für seine Klasse die Kartenbestellung für den Kinobesuch angenommen. Sieben Kinder möchten Karten zu 7,95 €. Fünf Kinder haben sich für Karten zu 4,50 € eingetragen. Neun Kinder haben Karten für 7,45 € bestellt. Wie viel kosten alle Karten zusammen?**

Dezimalbrüche durch eine natürliche Zahl dividieren (teilen)

Regel

Einen Dezimalbruch dividierst du durch eine natürliche Zahl zunächst so, als wäre das Komma nicht vorhanden. Sobald du das Komma beim Dividieren überschreitest, setzt du auch ein Komma im Ergebnis.

1 a) 4,9 : 7 b) 0,36 : 6 c) 10,8 : 9 d) 8,1 : 9 e) 0,45 : 5 f) 5,1 : 3

Beispiel

```
4 9 1 , 3 0 : 5= 98,26        Ü: 500 : 5 = 100
4 5
  4 1
  4 0
    1 3
    1 0
      3 0                      Null anhängen und weiter dividieren
      3 0
        0
```

2 Berechne die Quotienten. Führe zuerst den Überschlag durch.

a) 63,2 : 3 b) 121,08 : 2 c) 0,686 km : 7 d) 12,35 kg : 5

3 In der Klassenkasse sind 341,55 €. Dieser Betrag soll vor der Wanderfahrt an 27 Schüler der Klasse ausgezahlt werden. Wie viel erhält jeder Schüler?

Test Kapitel 3

1 Färbe den angegebenen Teil der Figuren. |6|

a) $\frac{2}{3}$

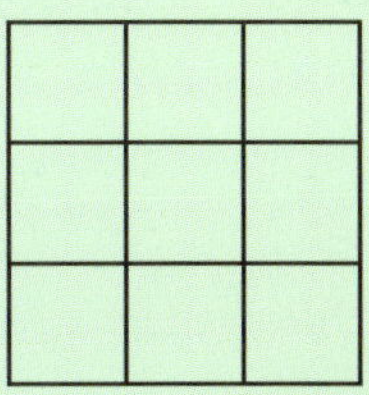

b) $\frac{5}{12}$

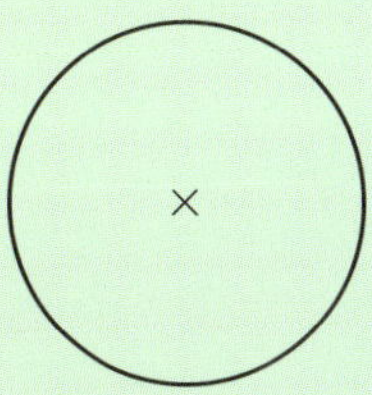

c) $\frac{3}{4}$

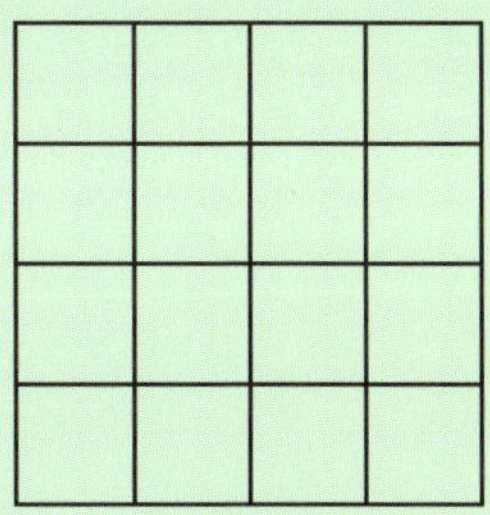

2 **Ordne den gekennzeichneten Punkten Brüche zu.** | 6 |

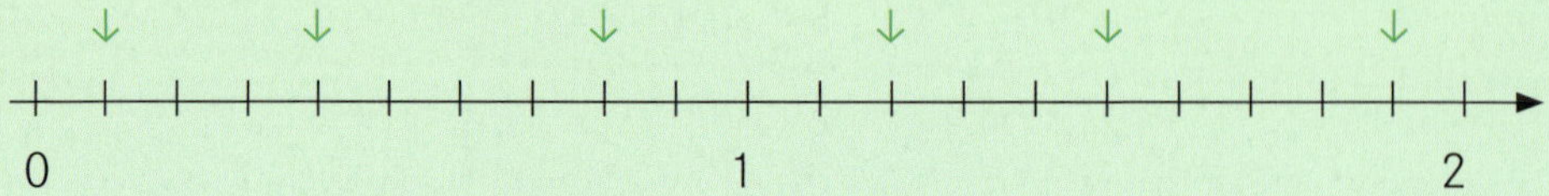

3 **Vergleiche und setze die Zeichen <, =, > ein.** | 4 |

a) $\frac{7}{2} \square \frac{9}{2}$ b) $\frac{14}{7} \square \frac{2}{1}$ c) $1\frac{33}{30} \square 2\frac{9}{30}$ d) $2\frac{3}{5} \square \frac{16}{5}$

4 **Ordne die Brüche nach ihrer Größe.**
Beginne mit dem kleinsten Bruch. | 3 |

$\frac{9}{7}$; $\frac{4}{7}$; $\frac{14}{7}$; $\frac{25}{7}$; $\frac{11}{7}$; $\frac{7}{7}$; $\frac{28}{7}$; $\frac{2}{7}$; $\frac{21}{7}$

5 **Wie viel Prozent sind das?** | 6 |

a) $\frac{25}{100}$ b) $\frac{10}{100}$ c) $\frac{50}{100}$ d) $\frac{27}{100}$ e) $\frac{1}{100}$ f) $\frac{99}{100}$

6 **Schreibe als Zehnerbruch und Dezimalbruch.** | 8 |

a) 15 % b) 8,9 % c) 400 % d) 75 %

7 **Ein LOTTO-Gewinn von 1 432 400 € soll auf die vier Gewinner aufgeteilt werden. Wie viel Euro erhält jeder? Wie viel Prozent hat jeder Spieler von der Gesamtsumme erhalten? Die vier Spieler haben vereinbart, 5 % der Gesamtsumme für ein SOS-Kinderdorf zu spenden. Wie viel Euro sind das?** | 12 |

|| 45 ||

Wie viele Punkte hast du? Erreichst du mehr als 36 Punkte, beherrschst du den Inhalt des Kapitels wirklich gut. Erreichst du weniger als 18 Punkte, dann solltest du dieses Kapitel wiederholen.

4 RECHNEN MIT GRÖSSEN

Was du schon können musst:

1. Größen addieren und subtrahieren.
2. Größen mit einer natürlichen Zahl multiplizieren oder durch eine natürliche Zahl dividieren.
3. Größen in eine kleinere oder größere Einheit umwandeln.

Darum geht es

In diesem Kapitel lernst du,

- Größenangaben in verschiedenen Schreibweisen zu addieren, zu subtrahieren, mit einer natürlichen Zahl zu multiplizieren oder zu dividieren;
- Zeitpunkt und Zeitspanne zu bestimmen.

4.1 Die Länge

Du erinnerst dich

- Angaben zur Länge enthalten immer eine Maßzahl und eine Maßeinheit (kurz: Einheit).
- Die Angabe aus Maßzahl und Maßeinheit nennt man Größe.
- Zur Umwandlung von einer Maßeinheit in eine andere Maßeinheit benötigst du die Umrechnungszahl.
- Mit Größen kannst du nur dann rechnen, wenn sie gleiche Maßeinheiten haben.

Umwandeln von Maßeinheiten der Länge

Merke

Umwandlungszahlen der Länge

	· 1 000		· 10		· 10		· 10	
1 km	⇄	1 m	⇄	1 dm	⇄	1 cm	⇄	1 mm
	: 1 000		: 10		: 10		: 10	

1 km = 1 000 m
1 m = 10 dm = 100 cm
1 dm = 10 cm = 100 mm
1 cm = 10 mm

1 **Ergänze den Platzhalter.**

a) 21 m = ______ dm
b) 8 km = ______ m
c) 12 m = ______ cm
d) 7,4 m = ______ cm
e) 0,6 km = ______ m
f) 4,5 m = ______ mm

Beispiele

1. 7 m = ? dm
   7 m = 70 dm
   → Wenn 1 m = 10 dm sind, dann sind 7 m = 7 · 10 dm
2. 0,725 km = ?
   0,725 km = 725 m
   → Wenn 1 km = 1 000 m sind, dann sind 0,725 km = 0,725 · 1 000 m

2 **Rechne in die kleinste der vorgegebenen Einheiten um.**

a) 4 km 4 m 7 cm

b) 914 m 65 dm

c) 25 m 7 dm 80 cm

d) 5 km 90 m 7 dm 95 cm

Beispiel

6 km 9 m 8 cm = ? (kleinste Einheit ist gesucht)

1. Kleinste Einheit ermitteln → cm
2. Alle Angaben in „cm“ umwandeln:
   6 km = 6 000 m = 600 000 cm
   9 m = 900 cm
   8 cm = 8 cm
3. Addieren: 600 000 cm + 900 cm + 8 cm = 600 908 cm

Lösung: 6 km 9 m 8 cm = 600 908 cm

3 **Wandle zunächst alle Angaben in die gleiche Einheit um addiere oder subtrahiere dann.**

a) 5 m + 40 cm + 12 m + 75 cm

b) 70 cm + 15 mm + 6 dm +2 cm

c) 15 km – 600 m – 3 400 m

d) 3 m 2 dm – 20 dm – 85 cm

Beispiel

	8 dm 6 cm	+ 2 cm	+ 40 mm
1. Alle Angaben in „mm“	↓	↓	↓
umwandeln:	86 cm = 860 mm	20 mm	40 mm
2. Addieren:	860 mm	+ 20 mm	+ 40 mm = 920 mm
Lösung:	8 dm 6 cm + 2 cm + 40 mm = 920 mm		

Weitere Möglichkeiten: Du wandelst alle Angaben in „dm“ oder „cm“ um und addierst dann die Summanden.

Ordnen der Längenangaben nach ihrer Größe

1 Ordne nach der Größe. Beginne mit der kleinsten Längenangabe.

a) 7 m 6 dm; 4,05 m; 366 cm; 2,65 m; 75 cm; 0,93 m
b) 2 050 m; 3,5 km; 2 km 300 m; 12 km 55 m; 0,995 km

Beispiel

	84 mm;	7,30 m;	2 dm;	53 cm
	↓	↓	↓	↓
1. In die kleinste angegebene Einheit umwandeln.	84 mm;	730 cm;	20 cm;	530 mm
2. Ordnen nach der Größe:	84 mm;	7 300 mm;	200 mm;	530 mm
	↑	↑	↑	↑
3. Gegeben Angaben den umgewandelten Angaben zuordnen:	84 mm;	7,30 m;	2 dm;	53 cm

2 Ordne nach der Größe. Beginne mit der größten Längenangabe.

a) 6 m 66 dm; 60 m 6 dm; 66,66 m
b) 2 456 m; 0,487 km; 2,54 km

Addieren und Subtrahieren von Längenangaben

Merke

Beim Addieren und Subtrahieren von Größen musst du alle Größen so umwandeln, dass sie alle die gleiche Maßeinheit haben. Du addierst und subtrahierst die Maßzahlen. Die Maßeinheiten behälst du bei.

1 Berechne die Summen und Differenzen.

a) 275 km + 1 km 550 m + 2 500 m
b) 21,8 m + 8 dm 5 cm + 15 m 70 cm
c) 12 km 73 m – 455 m – 2,5 km
d) 27 m 8 cm – 12 m 55 cm

Beispiele

a) Berechne die Summe: 42,7 km + 1 400 m + 2 km 650 m

1. Größenangaben in die gleiche Einheit umwandeln (in km oder m) = 42,7 km + 1,4 km + 2,65 km
2. Maßzahlen addieren: = 46,75 km

Lösung: 42,7 km + 1 400 m + 2 km 650 m = 46,75 km

b) Berechne die Differenz: 24 m 8 dm – 64 dm – 5 72 cm

1. Alle Größenangaben in die gleiche Einheit umwandeln (in m oder dm oder cm) = 24,8 m – 6,4 m – 5,72 m
2. Maßzahlen subtrahieren: = 12,68 m

Lösung: 24 m 8 dm – 64 dm – 572 cm = 12,68 m

Multiplizieren und Dividieren von Längenangaben mit einer natürlichen Zahl

Merke

- Eine Größe multiplizierst du mit einer natürlichen Zahl, indem du die Maßzahl mit der natürlichen Zahl multiplizierst und die Maßeinheit beibehältst.
- Eine Größe dividierst du durch eine natürliche Zahl, indem du die Maßzahl durch die natürliche Zahl dividierst und die Maßeinheit beibehältst.
- Zwei Größen derselben Maßeinheit werden dividiert, indem du die Maßzahlen dividierst. Als Ergebnis erhältst du keine Größe, sondern nur eine Zahl.

1 **Berechne die Produkte und Quotienten.**

a) 129 m · 7 b) 31 · 2,78 km c) 224 · 31 dm
d) 19 mm · 200 e) 4,60 km : 2 f) 8 025 m : 25

Beispiele

1. 237 m · 9 = 2 133 m ← Maßeinheit bleibt unverändert.
2. 824 km : 8 = 103 km ← Maßeinheit bleibt unverändert.
3. 48 mm : 12 mm = 4 ← Maßeinheit fällt weg.

2 **Katja trainiert für die Radmeisterschaften auf einem Rundkurs von 0,982 km Länge. Täglich fährt sie 25 Runden. Wie viele Kilometer hat sie an 5 Tagen zurückgelegt?**

3 **Bei den Schwimmwettkämpfen werden 400 m Brust und 1 500 m Freistil geschwommen. Wie viel Bahnen werden jeweils geschwommen, wenn eine Bahn 50 m lang ist?**

4.2 Die Masse

Du erinnerst dich

- Angaben zur Masse (umgangssprachlich: Gewicht) enthalten immer eine Maßzahl und eine Maßeinheit.
- Die Maßeinheiten der Masse kannst du umwandeln, dazu benötigst du die Umwandlungszahl.
- Rechnen kannst du nur dann mit Angaben der Masse, wenn die Angaben die gleiche Maßeinheit haben.

Umwandeln von Maßeinheiten der Masse

Merke

Umwandlungszahlen der Masse

	·1 000		·1 000		·1 000		
1 t	⇄	1 kg	⇄	1 g	⇄	1 mg	
	:1 000		:1 000		:1 000		

1 t = 1 000 kg
1 kg = 1 000 g
1 g = 1 000 mg

1 **Rechne um.**

a) in t	b) in kg	c) in g	d) in mg
46 000 kg	6,5 t	4,5 kg	3 kg
100 000 kg	35 000 g	0,96 kg	12 g

Beispiele

1. 8,6 t = ? kg
   Wenn 1 t = 1 000 kg sind, dann sind 8,6 t = 8,6 · 1 000 kg
   8,6 t = 8 600 kg
2. 0,49 kg = ? g
   Wenn 1 kg = 1 000 g sind, dann sind 0,49 kg = 0,49 · 1 000 g
   0,49 kg = 490 g

2 **Schreibe als Dezimalbruch.**

a) 25 kg 60 g
b) 19 t 125 kg
c) 240 g 900 mg
d) 98 kg 6 g

3 **Wandle in die nächstgrößere Einheit um.**

a) 42 700 g
b) 985 mg
c) 29 355 kg
d) 750 g
e) 49 mg

Addieren und Subtrahieren von Angaben zur Masse

1 **Berechne die Summen und Differenzen. Wandle zunächst die Angaben in die gleiche Einheit um.**

a) 2 kg + 800 g
b) 0,7 t + 2 400 kg
c) 420 kg - 2 300 g
d) 7,8 t - 4 500 kg

Beispiel

Alle Angaben in kg umwandeln und dann addieren.

15 kg + 700 g = ?

↓ ↓

15 kg + 0,700 kg = 15,700 kg

Lösung: 15 kg + 700 g = 15,700 kg

Als weitere Möglichkeit kannst du alle Angaben in „g“ umwandeln und dann addieren.

2 **Setze die Zeichen <, =, > ein.**

a) 3 kg 450 g ☐ 2 450 g
b) 0,75 kg ☐ 750 g
c) 4 230 kg v 4,23 t
d) 12 000 mg ☐ 12 g
e) 50 g ☐ 0,50 kg
f) 780 g ☐ 0,078 kg

Multiplizieren und Dividieren von Angaben der Masse

Beachte

Angaben der Masse werden mit einer Zahl in gleicher Weise multipliziert und dividiert wie die Längenangaben.

1 **Berechne den Wert der Produkte.**

a) 339 kg · 7 b) 82 t · 24 c) 35,6 kg · 17 d) 27 · 128 mg

Beispiel

35 kg 175 g · 3 = ?

1. Möglichkeit:
Massenangabe als Summe schreiben.
Jeden Summanden mit dem Faktor 3 multiplizieren.

(35 kg + 175 g) · 3
35 kg · 3 + 175 g · 3
= 105 kg + 525 g
= 105 kg 525 g

Lösung: 35 kg 175 g · 3 = 105 kg 525 g

2. Möglichkeit: Alle Angaben in die gleiche Einheit umwandeln.

Addieren (35 000 g + 175 g) · 3
Multiplizieren 35 175 g · 3 = 105 525 g
Lösung: 35 kg 175 g · 3 = 105 525 g

2 **Berechne die Quotienten.**

a) 320 g : 5 b) 130 g : 65 c) 8 kg : 20
d) 3 t 450 kg : 5 e) 83 g : 25 f) 49,7 kg : 7

Beispiel

5 t 649 kg : 7 = ?

1. Angaben in eine Einheit umwandeln. (5 000 kg + 649 kg) : 7
2. Addieren. = 5 649 kg : 7
3. Dividieren = 807 kg

Lösung: 5 t 649 kg : 7 = 807 kg

4.3 Die Zeit

Du erinnerst dich

- Die Grundeinheit der Zeitmessung ist die Sekunde (s). Weitere Maßeinheiten sind die Minute (min), die Stunde (h), der Tag (d), die Woche, der Monat und das Jahr.
- Es wird zwischen Zeitspanne und Zeitpunkt unterschieden. Die Zeitspanne gibt an, wie lange etwas dauert. Der Zeitpunkt gibt an, wann etwas beginnt oder endet.

Umwandeln von Maßeinheiten der Zeit

Merke

Umwandlungszahlen der Zeit

$$1\,\text{d} \underset{:24}{\overset{\cdot 24}{\rightleftarrows}} 1\,\text{h} \underset{:60}{\overset{\cdot 60}{\rightleftarrows}} 1\,\text{min} \underset{:60}{\overset{\cdot 60}{\rightleftarrows}} 1\,\text{s}$$

1 d = 24 h = 1 440 min
1 h = 60 min = 3 600 s
1 min = 60 s

1 Schreibe in der angegebenen Maßeinheit.

a) Sekunden: 5 min; 27 min; 10 min; 3 min 15 s; 1,5 min,
b) Minuten: 2 h; $\frac{1}{2}$ h; 180 s; $2\frac{3}{4}$ h; 4 h 25 min,
c) Stunden: 180 min; 4 d; 216 000 s; 5 d 10 h; $\frac{1}{2}$ d 5 h.

Beispiele

1. 7 min = ? s
Wenn 1 min = 60 s,
dann sind 7 min = 7 · 60 s
= 420 s
7 min = 420 s

2. 16 h = ? s
Wenn 1 h = 60 min = 60 · 60 s
dann sind 16 h = 16 · 3 600 s
= 57 600 s
16 h = 57 600 s

3. 2 h 30 min = ? min

2 · 60 min + 30 min = 120 min + 30 min
= 150 min
2 h 30 min = 150 min

$5\frac{3}{4}$ h = ? min

5 h + 45 min = 300 min + 45 min
= 345 min
$5\frac{3}{4}$ h = 345 min

4. 248 min = ? h

Da 1 h 60 min hat, musst du überlegen, wie oft die 60 in der 248 enthalten ist.

248 min = 4 · 60 min + 8 min
= 4 h + 8 min
248 min = 4 h 8 min

2 Rechne in die nächstgrößere und nächstkleinere Einheit um.

a) 180 min b) 72 h c) 720 min d) 285 min

3 Gib in Stunden und Minuten an.

a) 1 234 min b) $\frac{1}{2}$ d 30 min c) $4\frac{3}{4}$ h d) $1\frac{1}{2}$ h e) 3 960 s

4 Gib in Minuten und Sekunden an.

a) $4\frac{1}{4}$ min b) $8\frac{3}{4}$ min c) 3 241 s d) $4\frac{3}{4}$ min e) 1 025 s

Rechnen mit Zeitspannen – Zeitpunkt angeben

1 Berechne die Summen und Differenzen.

a) 7 h 45 min + 8 h 34 min b) 54 min 20 s – 34 min 55 s – 1 min 10 s
c) 28 min 45 s – 14 min 20 s d) 2 h 20 min + 7 h 38 min + 14 h 44 min

Beispiel

Berechne die Summe : 63 min 25 s + 17 min 13 s
Addiere immer die Angaben mit gleichen Einheiten:
= 63 min + 17 min + 25 s + 13 s
= 80 min + 38 s
= 80 min 38 s

Lösung: 63 min 25 s + 17 min 13 s = 80 min 38 s

Wenn du eine **Differenz** berechnen willst, dann **subtrahierst** du die Angaben mit gleichen Einheiten.

2 Wie viele Minuten fehlen bis zur nächsten vollen Stunde?

a) 12.45 Uhr b) 3.29 Uhr c) 9.56 Uhr d) 21.05 Uhr

Beispiel

22.15 Uhr
Wie viele Minuten fehlen bis zur nächsten Stunde?
22.15 Uhr bedeutet, dass schon 15 min bis zu nächsten Stunde vergangen sind. Da 1 h = 60 min sind, musst du rechnen:
60 min – 15 min = 45 min
Also fehlen noch 45 min bis zur nächsten Stunde.

3 Berechne die Fahrzeit.

Abfahrt	7.25 Uhr	11.06 Uhr	13.44 Uhr	21.15 Uhr
Ankunft	7.52 Uhr	12.27 Uhr	15.07 Uhr	22.11 Uhr
Fahrzeit (min)				

4 **Gib den Zeitpunkt an.**

a) 25 min nach 14.10 Uhr
b) 18 min vor 20.20 Uhr
c) eine viertel Stunde vor 18.05 Uhr
d) sechs Stunden nach 13.09 Uhr

5 **Berechne die Ankunftszeit.**

Abfahrt	16.07 Uhr	1.49 Uhr	10.27 Uhr	7.58 Uhr
Dauer der Fahrt	49 min	57 min	65 min	72 min
Ankunft				

6 **Berechne die Produkte und die Quotienten.**

a) 3 h 12 min · 14
b) 22 · 7 h 4 min
c) 24 h 30 min : 6
d) 2 d 9 min : 27
e) 8 h 15 min : 45
f) 7 d 7 h : 25

Beispiele

1. 3 h 12 min · 14
   = (3 h + 12 min) · 14 — Schreibe als Summe und setze eine Klammer.
   = 3 h · 14 + 12 min · 14 — Multipliziere jeden Summanden mit dem Faktor 14.
   = 42 h + 168 min — Wandle die Minuten in Stunden und Minuten um.
   = 42 h + 2 h 48 min — Fasse gleich Einheiten zusammen.
   = 44 h 48 min
   Lösung: 3 h 12min · 14 = 44 h 48 min
2. 5 d 5 h : 25
   = (5 d + 5 h) : 25 — Schreibe als Summe und setze eine Klammer.
   = (5 · 24 h + 5 h) · 25 — Wandle die Tage in Stunden um.
   = (120 h + 5 h) : 25 — Addiere die Stunden.

= 125 h : 25 Dividiere.
= 5 h
Lösung: 5 d 5 h : 25 = 5 h

4.4 Das Geld

Du erinnerst dich

- Geld hat die Einheiten Euro (€) und Cent (Ct)
- Die Einheiten des Geldes kannst du umwandeln.
- Für die Umwandlung von Euro in Cent und umgekehrt benötigst du die Umrechnungszahl.

Umwandeln von Maßeinheiten des Geldes

Merke

Umwandlungszahl des Geldes

$$1\,€ \underset{:\,100}{\overset{\cdot\,100}{\rightleftarrows}} 1\,\text{Ct} \qquad 1\,€ = 100\,\text{Ct}$$

1 Wandle um.

a) in Cent: 12 €; 7 € 14 Ct; 29 € 8 Ct; 10 € 1 Ct; 1 € 99 Ct
b) in Euro: 760 Ct; 94 Ct; 108 Ct; 4 € 15 Ct; 30 € 8 Ct; 50 Ct

Beispiele

1. 36 € 47 Ct = ? Ct
   = 36 € + 47 Ct
   = 36 · 100 Ct + 47 Ct ← Da 1 € = 100 Ct sind, musst du die Maßzahl vor dem Euro mit 100 multiplizieren um Cent zu erhalten.
   = 3 600 Ct + 47 Ct
   = 3 647 Ct
   Lösung: 36 € 47 Ct = 3 647 Ct
2. 4 € 15 Ct = ? €
   = 4 € + 15 Ct
   = 4 € + 15 : 100 € ← Da 1 € = 100 Ct sind, musst du die Maßzahl vor den Cent durch 100 dividieren, um Euro zu erhalten.
   = 4 € + 0,15 € 100
   = 4,15 €
   Lösung: 4 € 15 Ct = 4,15 €

Addieren und Subtrahieren von Geldangaben

1 Addiere und Subtrahiere. Gib das Ergebnis in Euro an.

a) 14,15 € + 7,25 € + 0,85 €
b) 0,79 € + 32,09 € + 4,75 €
c) 29,96 € – 21,46 € – 0,32 €
d) 459,28 € – 794 Ct – 0,88 €

Beispiel

Addiere: 23,25 € + 8,13 € + 0,84 €

Summanden stellengerecht untereinanderschreiben;	23,25 €
Stellenweise addieren, mit den Einern beginnen;	+ 8,23 €
	+ 0,84 €
Übertrag beachten;	1 1 1
Komma setzen, Stellenzahl beachten;	32,32 €
Maßzahl nicht vergessen.	

Wenn du Geldangaben subtrahieren willst, dann rechnest du in gleicher Schrittfolge, nur jetzt musst du stellenweise **subtrahieren.**

Multiplizieren und Dividieren von Geldangaben

1 **Multipliziere und dividiere. Gib das Ergebnis in Euro an.**

a) 83,45 € · 15; 29 € 28 Ct · 23; 1 325 € · 32; 244,09 € · 7

b) 846,30 € : 31; 1.283,70 € : 55; 3.896 € 42 Ct : 89;

Beispiele

1. 27,93 € · 23 Ü: 28 · 20 = 560

Stellenweise multiplizieren;
Übertrag beachten;
Teilprodukte addieren;
Komma setzen, Stellenzahl beachten.
Maßeinheit nicht vergessen.

```
27,93€·23
     5586
      8379
       111
   642,39€
```

2. 442,8 € : 27 Ü: 450 · 25 = 18

Von links mit der Division beginnen
Übertrag beachten;
Komma setzen;
Maßeinheit nicht vergessen.

```
442,8€ : 27 = 16,4€
-27
 172
-162
  108
 -108
    0
```

2 **Paula war mit ihren Freundinnen in der Pizza-Bar. Sie hatte drei Pizzen zu je 6,25 €, 2 Pizzen zu je 2,45 € und vier Gläser Most zu je 2,55 € bestellt. Was musste sie dafür bezahlen?**

Test Kapitel 4

1 Wandle um. | 12 |

a) 24,73 km = ? m
0,94 m = ? mm

b) 43 t 57 kg = ? kg
7 kg 220 g = ? g

c) $9\frac{3}{4}$ h = ? min
0,5 d = ? h

2 Berechne. | 8 |

a) 229 km + 13,256 km + 4 950 m
b) 47 kg 22 g – 124 g 96 mg
c) 423,76 km · 18
d) 1 927 g : 82

3 Berechne die Fahrzeit. | 8 |

Abfahrt	4.37 Uhr	20.40 Uhr	23.30 Uhr
Ankunft	7.12 Uhr	22.07 Uhr	2.25 Uhr

4 Berechne die Ankunftszeit. | 8 |

Abfahrt	4.37 Uhr	20.40 Uhr	23.30 Uhr
Dauer der Fahrt	56 min	2 h 9 min	$\frac{3}{4}$ h

5 Für den Urlaub hat sich Anja einen Badeanzug für 34,95 €, ein Paar Sportschuhe für 39,19 €, ein T-Shirt für 9,99 € und eine Jeans für 58,95 € ausgesucht. Die Eltern haben zwei Fünfzig-Euro-Scheine und drei Zwanzig-Euro-Scheine einstecken.
Reicht das Geld zum Kauf? | 10 |

|| 46 ||

Wie viele Punkte hast du? Erreichst du mehr als 37 Punkte, beherrschst du den Inhalt des Kapitels wirklich gut. Erreichst du weniger als 18 Punkte, dann solltest du dieses Kapitel wiederholen.

Was du schon können musst:

1. Geraden und Strecken zeichnen, die parallel zueinander verlaufen oder die senkrecht zueinander stehen oder sich untereinander schneiden.
2. Strecken messen und nach vorgegebenen Angaben zeichnen.
3. Quadrate, Rechtecke und Kreise zeichnen.
4. Achsensymmetrische Figuren zeichnen.

Darum geht es

In diesem Kapitel lernst du,

- Winkel mithilfe des Geodreiecks zu zeichnen und zu messen;
- zu gegebenen Geraden und Strecken in einem bestimmten Abstand andere Geraden oder Strecken zu zeichnen;
- die Symmetrieachse von achsensymmetrischen Figuren zu finden;
- zu gegebenen Figuren achsensymmetrische Figuren zu zeichnen;
- Punkte und Figuren im Koordinatensystem darzustellen;
- den Umfang und den Flächeninhalt von Quadraten und Rechtecken zu berechnen.

5.1 Gerade – Strahl – Strecke

Du erinnerst dich

- Faltlinien oder mit Lineal gezeichnete Linien sind gerade Linien (kurz: Gerade).
- Die Strecke ist ein durch zwei Punkte begrenzter Teil einer Geraden.

Merke

1. Eine Gerade ist eine unendlich lange gerade Linie. Sie hat keinen Anfangs- und keinen Endpunkt.

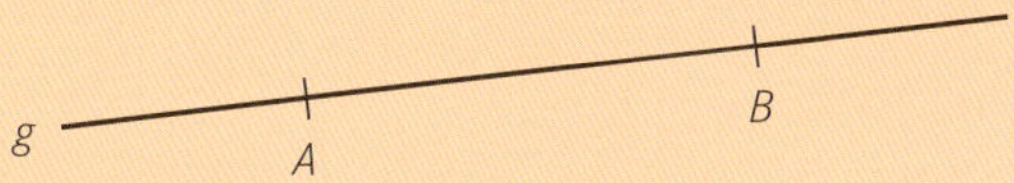

Du schreibst: Gerade *AB* oder Gerade *g*.

2. Ein Strahl (auch Halbgerade genannt) hat einen Anfangspunkt, aber keinen Endpunkt.

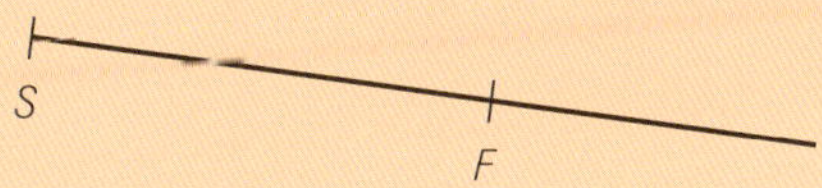

Du schreibst: Strahl $\overline{SF}$.

3. Die Strecke hat einen Anfangs- und einen Eckpunkt. Sie ist Teil einer Geraden.

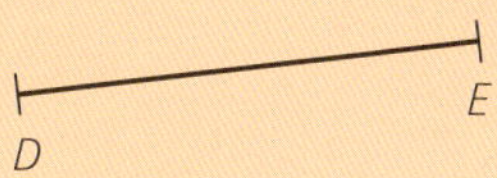

Du schreibst: Strecke $\overline{DE}$.

1 **Zeichne die angegebenen Geraden, Strahlen und Strecken durch die vorgegebenen Punkte.**
grün: Gerade *AB*; Gerade *DF*
blau: Strahl $\overline{DC}$; Strahl $\overline{DE}$
rot: Strecke $\overline{EG}$; Strecke $\overline{CF}$; Strecke $\overline{BD}$

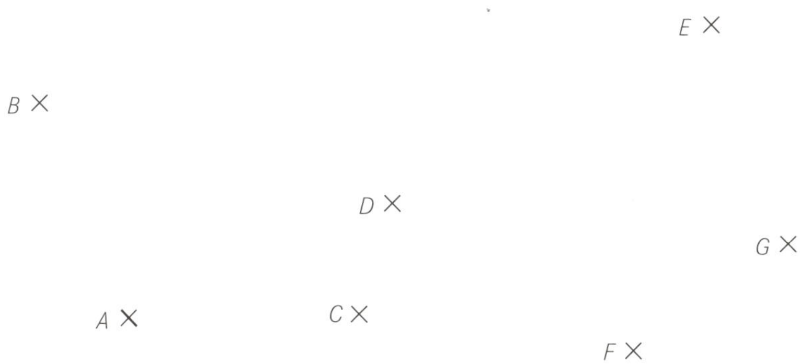

5.2 Senkrecht aufeinander – parallel zueinander

Du erinnerst dich

- Geraden können parallel zueinander verlaufen, sich schneiden oder senkrecht aufeinander stehen.
- Parallel zueinander verlaufende Geraden haben keinen Schnittpunkt. Der Abstand zwischen zwei parallel zueinander verlaufenden Geraden ist überall gleich.

Geraden zeichnen, die senkrecht aufeinander stehen

Merke

Stehen zwei Geraden *g* und *h* zueinander senkrecht, so schreibst du:
$g \perp h$ → Lies: *g* senkrecht zu *h*.

1 **Zeichne mit dem Geodreieck zu einer gegebenen Geraden eine Gerade, die senkrecht auf ihr steht und durch den Punkt *P* verläuft.**

a)

b)

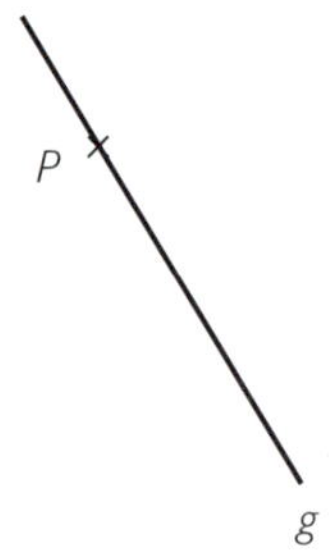

c)

Beispiel

Die Gerade *g* mit dem Punkt *p* ist gegeben. Die Gerade *h* soll auf der Geraden *g* senkrecht stehen und durch den Punkt *P* verlaufen.
Lege das Geodreieck wie in der Abbildung an. Zeichne die Gerade *h*. Die Geraden *g* und *h* stehen senkrecht aufeinander.
Du schreibst: $g \perp h$.

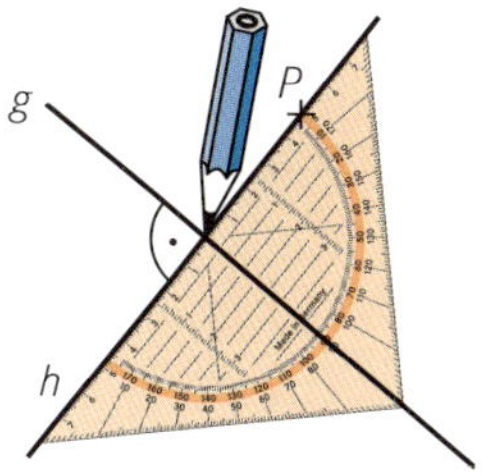

2 Übertrage die Figur in dein Heft. Zeichne durch die Punkte *A*, *B* und *C* Geraden, die zur Geraden *g* senkrecht stehen.

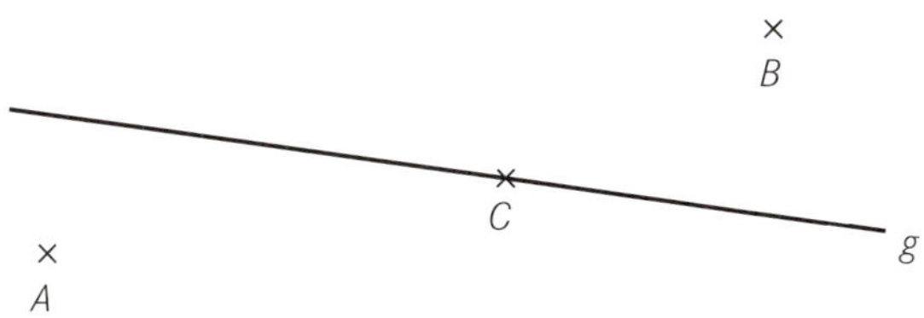

3 Zeichne eine Gerade *g* und einen Punkt *P*, der nicht auf *g* liegt. Zeichne durch *P* die Gerade *h* mit $h \perp g$. Zeichne dann die Gerade *f* durch den Punkt *P* mit $f \perp h$.

Geraden zeichnen, die parallel zueinander verlaufen

1 Übertrage die Figur in dein Heft. Zeichne eine Gerade *h* durch *P* mit $h \parallel g$.

a) 

b) 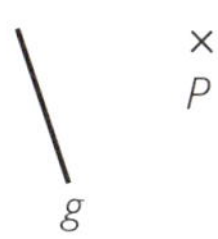

Beispiel

Durch *P* soll eine zu *g* parallele Gerade *f* gezeichnet werden.
Der Punkt *P* liegt nicht auf der Geraden *g*.

▷ Zeichne zuerst die Gerade *g* und den Punkt *P*.

▷ Zeichne dann eine beliebige zu *g* senkrechte Gerade *i*.

▷ Dann legst du das Geodreieck mit der Mittellinie auf *i* und verschiebst es so, dass die Gerade *f* durch *P* verläuft.

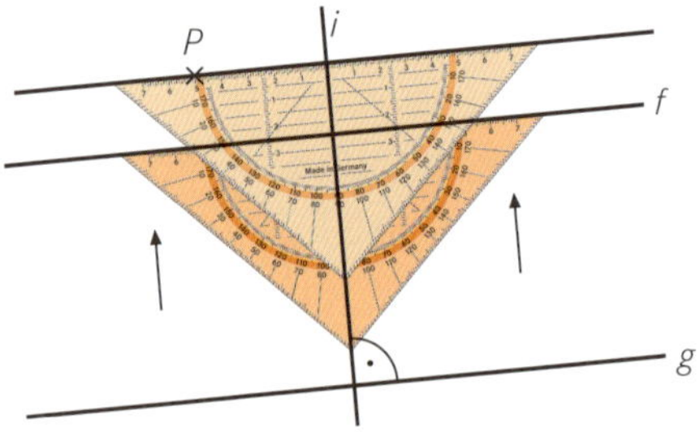

2 **Zeichne die Geraden *g*, *f* und *h* mit folgenden Eigenschaften:**

a) *g* ∥ *h* und *M* liegt auf *g*;

b) *h* ∥ *f* und *R* liegt auf *f*.

3 **Welche Geraden schneiden einander (X)? Welche Geraden laufen parallel zueinander (II)?**

a)
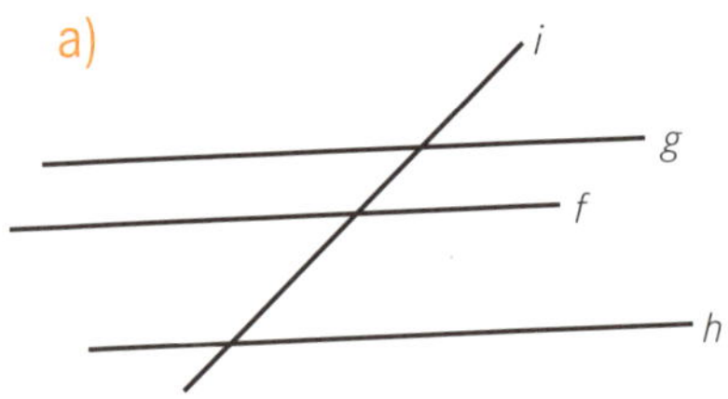

b)
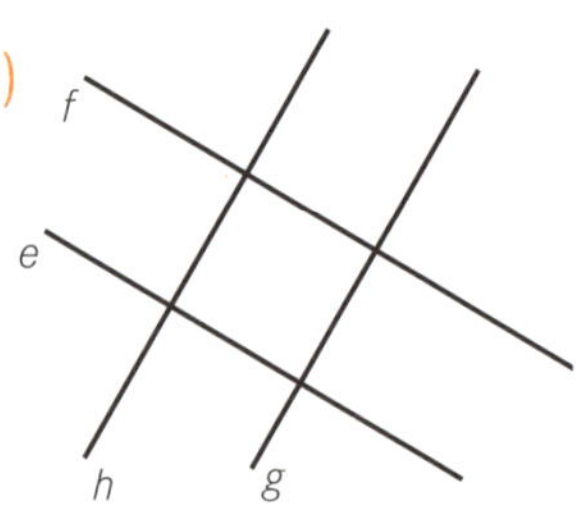

c)
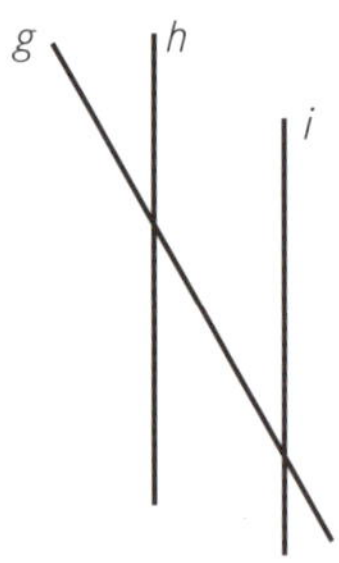

Den Abstand eines Punktes zu einer Geraden angeben

Merke

Die kürzeste Entfernung zwischen einem Punkt *P* und einer Geraden *g* heißt Abstand.
Den Abstand liest du auf der Strecke ab, die *P* senkrecht mit *g* verbindet.

1 Zeichne zu einer Geraden *g* einen Punkt *P* im Abstand von 45 mm.

2 Bestimme den Abstand von *A* von $\overline{BC}$, wenn $\overline{AB}$ = 5 cm und $\overline{AC}$ = 3,5 cm sind. Der Winkel CAB ist ein rechter Winkel.

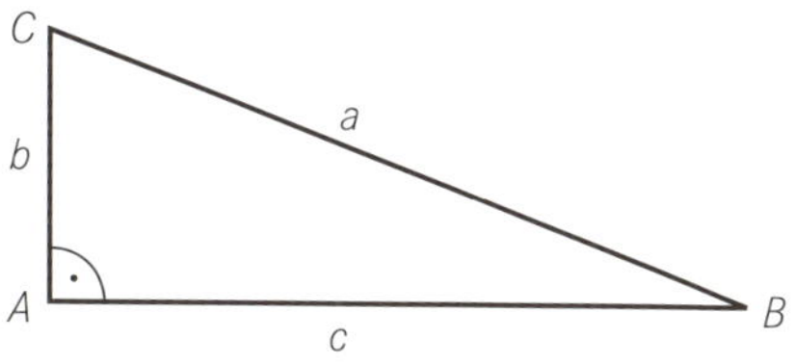

3 Zeichne zwei sich schneidende Parallelenpaare, die zueinander senkrecht stehen und jeweils den gleichen Abstand haben. Wie heißt die Schnittfigur?

5.3 Winkel

Du erinnerst dich

- Zueinander senkrechte gerade Linien bilden einen rechten Winkel.
- Zwei Seiten eines Dreiecks oder Vierecks schließen einen Winkel ein.

Winkelarten bestimmen – Winkel zeichnen

Merke

- Zwei Strahlen *a* und *b* mit einem gemeinsamen Anfangspunkt bilden einen Winkel. Die beiden Strahlen heißen Schenkel des Winkels. Der gemeinsame Anfangspunkt heißt Scheitel des Winkels.

Es gibt folgende Arten von Winkeln:

- Rechter Winkel: Die beiden Stahlen *a* und *b* stehen senkrecht aufeinander.
- Gestreckter Winkel: Die beiden Strahlen *a* und *b* bilden eine Gerade.
- Vollwinkel: Die beiden Strahlen *a* und *b* fallen zusammen.
- Spitzer Winkel: Er ist kleiner als der rechte Winkel.
- Stumpfer Winkel: Er ist größer als der rechte Winkel.
- Überstumpfer Winkel: Er ist größer als ein gestreckter Winkel.

1 **Welche Art von Winkeln bilden die Zeiger der Uhr?**

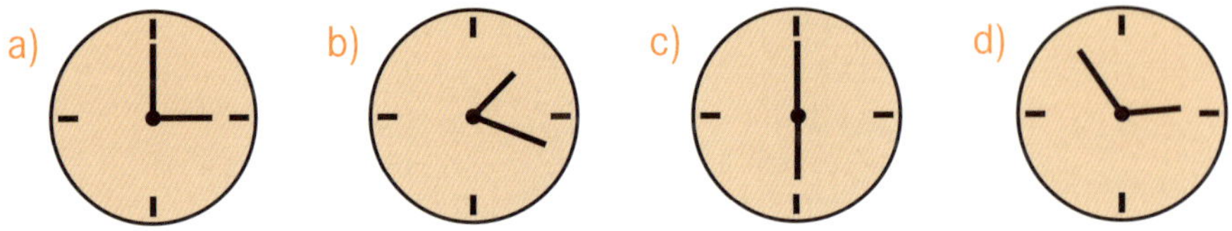

2 **Zeichne den Winkel und gib seinen Namen an.**

$\alpha = 68°$; $\beta = 126°$; $\gamma = 105°$; $\delta = 237°$

3 **Zeichne ein Dreieck mit:**

a) drei spitzen Winkeln;
b) einem rechten Winkel;
c) einem stumpfen Winkel.

5.4 Rechteck – Quadrat – Kreis

Du erinnerst dich

- Rechtecke, Quadrate und Kreise sind ebene Figuren.
- Das Quadrat ist ein besonderes Rechteck.

Rechtecke und Quadrate zeichnen und legen

Merke

Im Rechteck sind benachbarte Seiten zueinander senkrecht. Die gegenüberliegenden Seiten sind gleich lang und parallel zueinander. Das Quadrat ist ein Rechteck mit vier gleich langen Seiten.

1 **Zeichne ein Rechteck mit den Seitenlängen:**

a) 5,5 cm und 3,7 cm;
b) 46 mm und 62 mm.

2 **Zeichne ein Quadrat mit einer Seitenlänge von 54 mm. Zerlege es in:**

a) zwei gleich große Dreiecke; b) vier gleich große Dreiecke.

3 **Lege mit Stäbchen folgende Ausgangsfigur:**

a) Nimm 2 Stäbchen weg, sodass 3 gleich große Quadrate bleiben.
b) Nimm 2 Stäbchen weg, sodass 2 verschieden große Quadrate bleiben.
c) Lege 4 Stäbchen so um, dass du 3 gleich große Quadrate erhältst.
d) Lege 3 Stäbchen so um, dass du 3 gleich große Quadrate erhältst.

Umfang von Rechteck und Quadrat berechnen

Merke

Der Umfang U einer geometrischen Figur ist die Summe aller Seitenlängen.

Umfang des **Rechtecks:**

$U = 2 \cdot (a + b)$ → Umfang ist gleich zweimal die Summe aus Länge und Breite

Umfang des **Quadrates:**

$U = 4 \cdot a$ → Umfang ist gleich viermal die Länge einer Seite.

1 **Berechne den Umfang eines Rechtecks mit den Seiten:**

a) 46 mm und 35 mm; b) 4,4 cm und 63 mm; c) 0,9 dm und 72 mm.

Beispiel

Ein Rechteck ist 49 mm lang und 2,8 cm breit.
Berechne seinen Umfang.

Skizze:

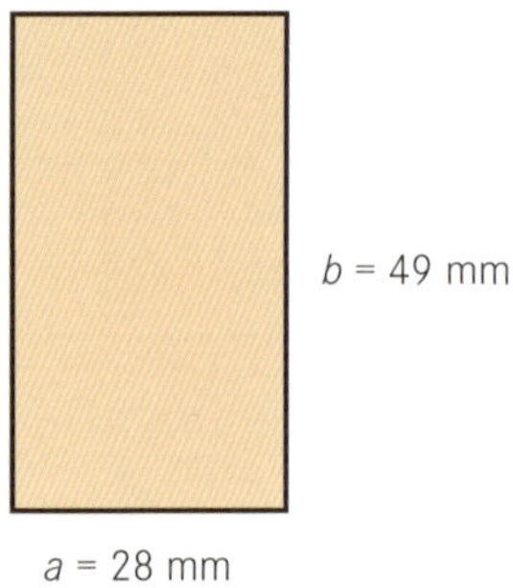

Gegeben: $a = 2{,}8\,\text{cm} = 28\,\text{mm}$
$b = 49\,\text{mm}$

Gesucht: $U = ?$

Rechnung: $U = 2 \cdot (a + b)$
$= 2 \cdot (28\,\text{mm} + 49\,\text{mm})$
$= 2 \cdot 77\,\text{mm}$
$U = 154\,\text{mm}$

Antwort: Der Umfang des Rechtecks beträgt 154 mm = 15,4 cm.

2 **Zeichne ein Quadrat mit der angegebenen Seitenlänge.**

a) 39 mm b) 7,4 cm c) 0,65 dm d) 0,072 m

Berechne für jedes Quadrat den Umfang.

Beispiel

Der Umfang des Quadrates mit der Seitenlänge 84 mm ist gesucht.

Skizze:

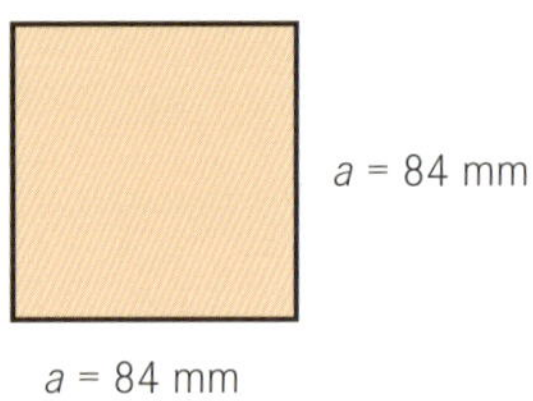

Gegeben: $a = 84\,\text{mm}$

Gesucht: $U = ?$

Rechnung: $U = 4 \cdot a$
$= 4 \cdot 84\,\text{mm}$
$U = 336\,\text{mm}$

Antwort: Das Quadrat hat einen Umfang von 336 mm = 33,6 cm.

3 **Vergleiche den Umfang von Quadrat und Rechteck.**
Setze die Zeichen <, =, >.

a) Quadrat: $a = 3{,}8\,\text{cm}$; Rechteck: $a = 3{,}4\,\text{cm}$ und $b = 2{,}9\,\text{cm}$

b) Rechteck: $a = 39\,\text{mm}$ und $b = 56\,\text{mm}$; Quadrat: $a = 46\,\text{mm}$

4 In einer Baumschule soll ein Feld mit einer Länge von 225 m und einer Breite von 92,50 m mit einem Zaun geschützt werden. Wie lang wird der Zaun?

Flächeninhalt von Rechteck und Quadrat berechnen

Merke

Flächeninhalt von Rechteck und Quadrat

Rechteck: $A = a \cdot b$ Quadrat: $A = a \cdot a = a^2$

1 Berechne den Flächeninhalt eines Rechtecks mit folgenden Seitenlängen.

a) 24,7 dm
53,28 dm

b) 2,84 km
1 950 m

c) 14,49 dm
0,85 m

d) 3 700 mm
23 dm

Beachte

Bevor du den Flächeninhalt berechnen kannst, musst du die Angaben zur Länge und Breite in die gleiche Einheit umwandeln.

Beispiel

Der Schulgarten ist 31,25 m lang und 57,50 m breit.
Wie groß ist seine Fläche?

Gegeben: l = 31,25 m (Länge des Schulgartens)
b = 57,50 m (Breite des Schulgartens)

Gesucht: A = ? Rechnung: $A = l \cdot b$
$= 31{,}25\,\text{m} \cdot 57{,}50\,\text{m}$
$A = 1\,796{,}875\,\text{m}^2$

Antwort: Der Schulgarten hat eine Fläche von $1\,796{,}875\,\text{m}^2$.

2 Berechne den Flächeninhalt eines Quadrates mit folgenden Seitenlängen.

a) 7,4 dm b) 21,02 m c) 0,86 cm d) 7,05 m

3 Vor der Schule soll eine Rasenfläche angelegt werden. Dafür wurde eine Fläche mit einer Länge von 23 m und einer Breite von 14 m vorbereitet. Wie viele Pakete Rasensamen werden benötigt, wenn ein Paket für 28 m^2 berechnet ist?

Umrechnen von Einheiten der Fläche

Einheiten des Flächeninhaltes

Quadratmillimeter mm^2
Quadratzentimeter $cm^2 \rightarrow 1\,cm^2 = 100\,mm^2$
Quadratdezimeter $dm^2 \rightarrow 1\,dm^2 = 100\,cm^2 = 10\,000\,mm^2$
Quadratmeter $m^2 \rightarrow 1\,m^2 = 100\,dm^2 = 10\,000\,cm^2 = 1\,000\,000\,mm^2$
Ar $a \rightarrow 1\,a = 100\,m^2$
Hektar $ha \rightarrow 1\,ha = 100\,a = 10\,000\,m^2$
Quadratkilometer $km^2 \rightarrow 1\,km^2 = 100\,ha$

1 Wandle in die nächstkleinere Einheit um.

a) 5,63 cm^2 b) 5,89 dm^2 c) 8,45 ha d) 0,07 m^2
e) 0,90 a f) 0,05 ha g) 3,05 a h) 2,72 km^2

2 Wandle in die nächstgrößere Einheit um.

a) 2 421 cm^2 b) 762 m^2 c) 8 005 dm^2
d) 65 ha e) 2 000 a

3 Der größte Kreis im Bundesland Sachsen ist der Kreis Kamenz mit ca. 1 340 km^2. Der kleinste Kreis in diesem Bundesland ist der Kreis Stollberg mit ca. 226 km^2. Gib die Fläche dieser Kreise in ha an.

4 Setze die Zeichen <, =, > ein.

a) $3\ m^2$ $3\,000\ cm^2$
b) $1\ ha$ $1\,000\ m^2$
c) $700\ a$ $7\ ha$
d) $80\ m^2$ $8\ a$
e) $2\ ha$ $20\,000\ m^2$
f) $3\,900\ dm^2$ $390\ m^2$

Kreise zeichnen

Merke

- Alle Punkte des Kreises (der Kreislinie) sind gleich weit vom Mittelpunkt (*M*) entfernt.
- Der Durchmesser (*d*) des Kreises ist doppelt so groß wie der Radius (*r*) $d = 2 \cdot r$.

1 Zeichne mit dem Zirkel um den Punkt *M* Kreise mit den gegebenen Radien.

$r_1 = 2\ cm$; $r_2 = r_1 + 1\ cm$; $r_3 = r_1 + 2\ cm$; $r_4 = 3 \cdot r_1$

2 Zeichne zwei Kreise mit dem Radius von 35 mm und 50 mm so, dass sie sich

a) in zwei Punkten schneiden;
b) in einem Punkt berühren;
c) einen gemeinsamen Mittelpunkt haben.

3 a) Zeichne in einen Kreis mit einem Durchmesser von 6 cm das größtmögliche Quadrat ein.
b) Zeichne in einen Kreis mit einem Radius von 35 mm ein regelmäßiges Sechseck ein.

5.5 Das Koordinatensystem

Du erinnerst dich

- Zum Zeichnen geometrischer Figuren eignet sich besonders gut Karopapier, weil die senkrechten und parallelen Linien ein Quadratgitter bilden.
- Die Schnittpunkte der senkrecht und parallel verlaufenden Linien sind Gitterpunkte.

Punkte in ein Koordinatensystem eintragen – Koordinaten den Punkten zuordnen

Merke

- Ein Koordinatensytem wird von zwei zueinander senkrechten Zahlenstrahlen gebildet.
- Jedem Punkt des Koordinatensystems kannst du ein Zahlenpaar (die Koordinaten) zuordnen.

  Du schreibst: $P(x; y)$

  x-Koordinate (↙ von x) y-Koordinate (↘ von y)

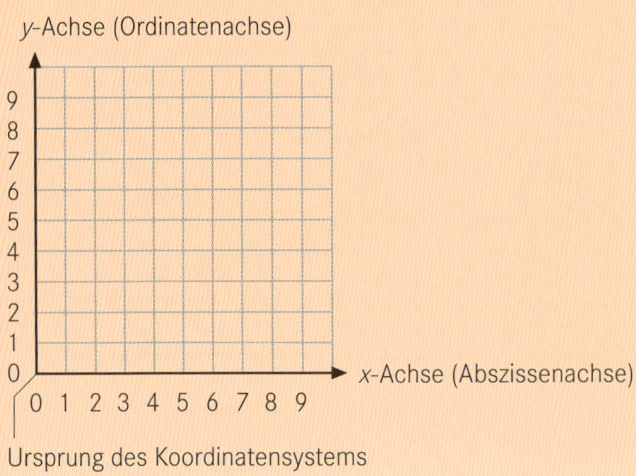

1 **Zeichne ein Koordinatensystem und trage die Punkte ein.**
A (2; 3), *B* (4; 1), *C* (1; 4), *D* (5; 0), *E* (0; 4)

Beispiel

Die Punkte *M* (4; 2) und *N* (2; 4) in ein Koordinatensystem eintragen.
▷ Zeichne ein Koordinatensystem. Wähle eine geeignete Anzahl von Kästchen für eine Einheit auf den Achsen.
▷ Die *x*-Koordnate gibt dir an, wie viele Einheiten du auf der *x*-Achse nach rechts gehen musst.
▷ Die *y*-Koordinate gibt dir an, wie viele Einheiten du auf der *y*-Achse nach oben gehen musst.
M (4; 2)
4 Einheiten nach rechts auf der *x*-Achse
2 Einheiten nach oben auf der *y*-Achse
N (2; 4)
2 Einheiten nach rechts auf der *x*-Achse
4 Einheiten nach oben auf der *y*-Achse

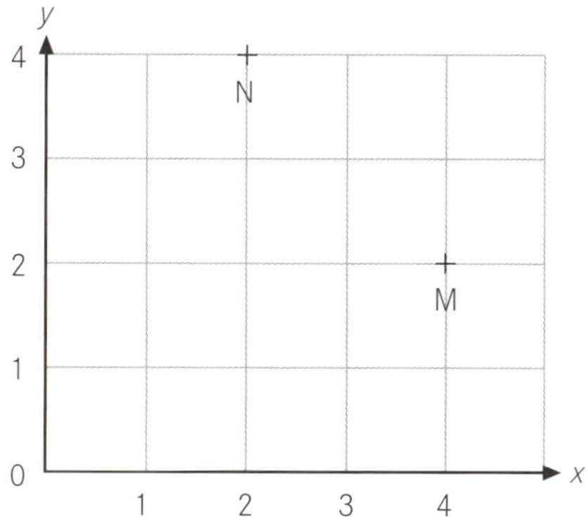

2 **Zeichne ein Koordinatensystem. Wähle für eine Einheit zwei Kästchen. Trage die Punkte ein: *A* (1; 1), *D* (1; 3), *B* (6; 1), *C* (6; 3). Verbinde die Punkte in der Reihenfolge *A*, *B*, *C* und *D* mit geraden Linien. Welchen Namen kannst du der Figur geben?**

3 **Trage die Punkte in ein Koordinatensystem ein: *A* (2; 2), *B* (8; 8), *P* (5; 5).**

a) Verbinde die Punkte mit geraden Linien.
b) Errichte in *P* eine Senkrechte zur Strecke $\overline{AB}$.
c) Liegt der Punkt *M* (2; 8) auf der Senkrechten?
d) Liegen die Punkte *R* (4; 3) und *S* (7; 7) auf der Strecke $\overline{AB}$?

4 Gib die Eckpunkte der Figuren mit ihren Koordinaten an.

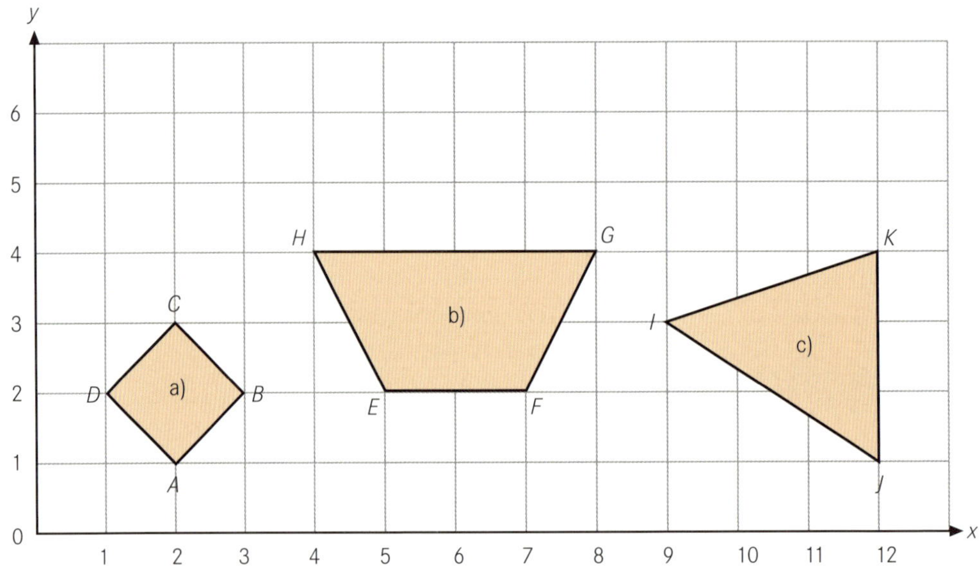

5 Übertrage die Figur in dein Heft. Bestimme die Koordinaten der Punkte *A, B, C* und *D.* Zeichne eine ähnliche Figur, indem du die *x*-Werte der Punkte um 5 und die *y*-Werte um 3 vergrößerst.

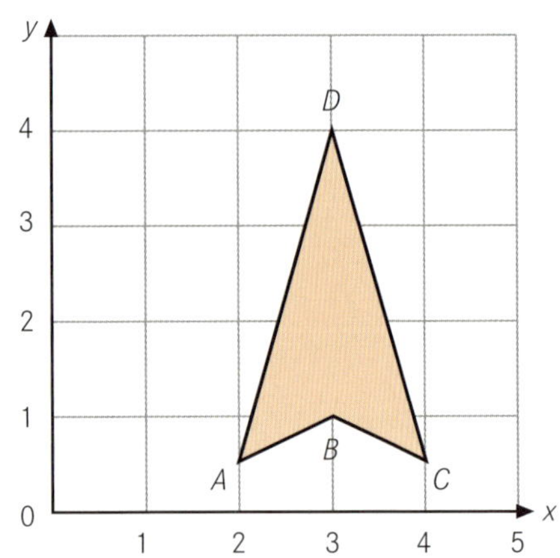

5.6 Achsensymmetrische Figuren

Du erinnerst dich

- Es gibt Figuren, die nach dem Falten zwei deckungsgleiche Hälften ergeben.
- Die Faltlinie bei solchen Figuren ist die Symmetrieachse (Spiegelachse).

Symmetrieachse finden – Symmetrische Figuren zeichnen

Merke

Eine ebene Figur, die man so falten kann, dass die eine Hälfte der Figur genau auf die andere Hälfte passt, nennt man achsensymmetrisch. Die Faltgerade heißt Symmetrieachse oder Spiegelachse.

1 Zeichne die Figuren mit folgenden Punkten.

a) $A(2; 3)$, $B(6; 3)$, $C(6; 8)$, $D(2; 8)$
b) $A(1; 3)$, $B(3; 0)$, $C(7; 3)$, $D(5; 0)$
c) $A(0; 2)$, $B(3; 0)$, $C(6; 2)$, $D(3; 4)$
d) $A(3; 1)$, $B(7; 1)$, $C(7; 4)$, $D(3; 4)$

Zeichne alle möglichen Symmetrieachsen ein.

2 Ergänze zu einer symmetrischen Figur.

a) b) c)

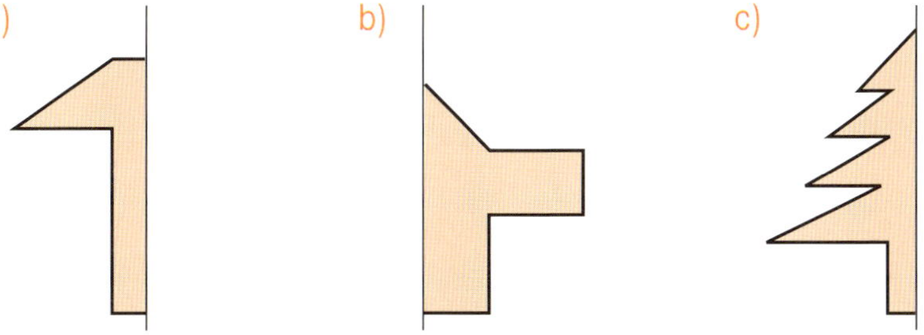

Test Kapitel 5

1 **Zeichne in einen Kreis mit einem Radius von 35 mm ein Dreieck ein. Eine Seite des Dreiecks soll gleich dem Durchmesser sein.** |4|

2 **Zeichne zu einer Geraden *g* einen Punkt *P* im Abstand von 44 mm und eine Gerade *h* parallel zur Geraden *g* mit einem Abstand von 3,5 cm.** |6|

3 **Berechne den Umfang und den Flächeninhalt.** |4|

a) eines Quadrats mit einer Seitenlänge von 67 mm.
b) eines Rechtecks mit $a = 3{,}9$ cm und $b = 7{,}4$ cm.

4 **Ein Garten mit einer Länge von 160 m und einer Breite von 80 m soll einen neuen Zaun erhalten.** |6|

a) Wie viele Meter Zaun werden benötigt, wenn für die Einfahrt 2,80 m frei bleiben müssen?
b) Wie groß ist die Fläche des Gartens? Gib die Fläche in Quadratmeter, Ar und Hektar an.

5 **Wandle in die nächstgrößere und nächstkleinere Einheit um.** |8|

a) 5 900 cm^2 b) 760 m^2 c) 83 dm^2 d) 590 ha

6 **Zeichne in ein Koordinatensystem ein Viereck mit folgenden Punkten: *A* (3; 2), *B* (5; 5), *C* (3; 7) *D* (1; 5).** |12|

a) Liegen die Punkte *P* (3; 1) und *F* (4; 4) innerhalb des Vierecks?
b) Zeichne mögliche Symmetrieachsen in das Viereck ein.

||40||

Wie viele Punkte hast du? Erreichst du mehr als 32 Punkte, beherrschst du den Inhalt des Kapitels wirklich gut. Erreichst du weniger als 16 Punkte, dann solltest du dieses Kapitel wiederholen.

6 GEOMETRISCHE KÖRPER

Was du schon können musst:

1. Würfel und Quader unterscheiden, zeichnen und bauen.
2. Die Anzahl der Ecken, Kanten und Flächen von Würfeln und Quadern bestimmen.
3. Eigenschaften von Würfel und Quader nennen.

Darum geht es

In diesem Kapitel lernst du,
- ▶ Würfel und Quader im Schrägbild darzustellen;
- ▶ die Oberfläche und das Volumen von Würfeln und Quadern zu berechnen.

6.1 Würfel und Quader im Schrägbild

Du erinnerst dich

- ▶ Von Würfeln und Quadern kannst du die Vorderansicht, die Seitenansicht und die Draufsicht (den Grundriss) zeichnen.
- ▶ Wenn du einen Würfel oder Quader von vorn oder von der Seite oder von oben betrachtest, dann siehst du nicht alle Flächen des Körpers.

Würfel in Schrägbild zeichnen – Eigenschaften des Würfels bestimmen

1 **Zeichne das Schrägbild des Würfels mit der Kantenlänge:**

a) 4 cm; b) 50 mm; c) 0,6 dm.

Beispiel

Zeichne das Schrägbild eines Würfels mit einer Kantenlänge von 2 cm.

Schrittfolge:

1. Zeichne die Vorderfläche des Würfels mit dem gegebenen Maß.

2. Zeichne die nach hinten verlaufenden Kanten unter einen Winkel von 45° (Kästchendiagonale).

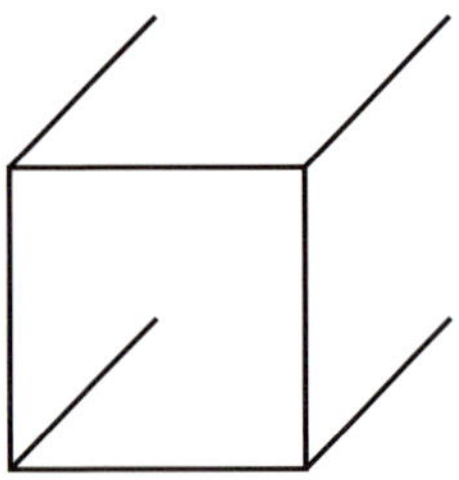

3. Verkürze die nach hinten verlaufenden Kanten um die Hälfte der gegebenen Kantenlänge.

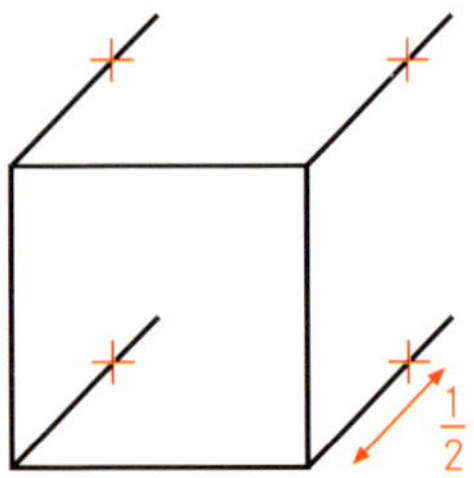

4. Verbinde die Eckpunkte.

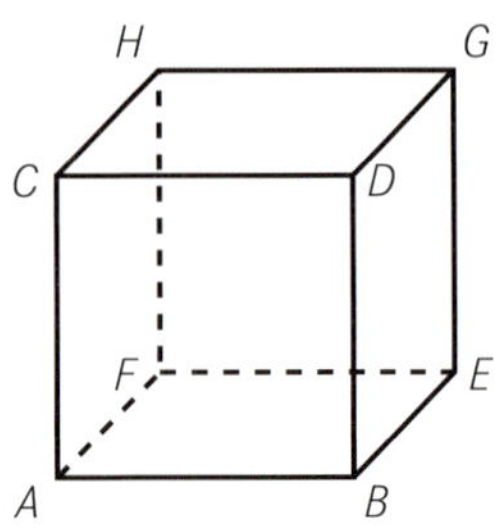

2 Gegeben ist das Schrägbild des Würfels.

a) Gib die Kanten des Würfels an.
b) Welche Kanten stehen senkrecht aufeinander?
c) Wie viele Flächen hat der Würfel?
d) Wie viele Stäbchen benötigst du zum Bau eines Kantenmodells von diesem Würfel?

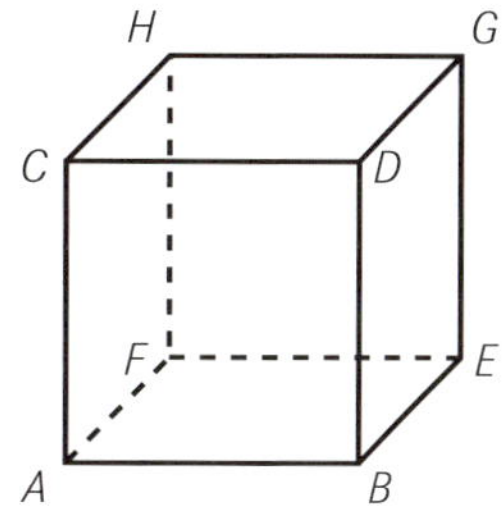

Quader in Schrägbild zeichnen – Eigenschaften des Quaders bestimmen

1 Zeichne das Schrägbild eines Quaders mit folgenden Abmessungen:

a) 25 mm; 30 mm; 40 mm;
b) 4 cm; 5,5 cm; 7 cm;
b) 0,6 dm; 3,5 cm; 20 mm.

Beachte Das Schrägbild eines Quaders zeichnest du in gleicher Schrittfolge wie das Schrägbild eines Würfels. (vergleiche Beispiel „Zeichnen des Schrägbildes eines Würfels“)

2 Wahr oder falsch?

a) Gegenüberliegende Seiten des Quaders sind gleich groß.
b) Ein Quader hat vier Begrenzungsflächen.
c) Die Grund- und Deckfläche eines Quaders sind immer die größten Flächen.
d) Ein Würfel ist ein besonderer Quader.
e) Wenn die Grundfläche eines Quaders ein Quadrat ist, dann sind alle Flächen des Quaders Quadrate.

6.2 Quader- und Würfelnetze

Du erinnerst dich

- Für jeden Würfel und Quader gibt es ein Körpernetz.
- Das Netz eines Quaders und eines Würfels besteht immer aus sechs Flächen.

Netze von Quadern und Würfeln zeichnen

1 Zeichne das Netz.

a) eines Quaders mit den Kantenlängen von 3 cm × 5 cm × 7 cm;
b) eines Würfels mit der Kantenlänge a = 4,5 cm.

Beispiele

1. Netz eines Würfels mit der Kantenlänge „a“.

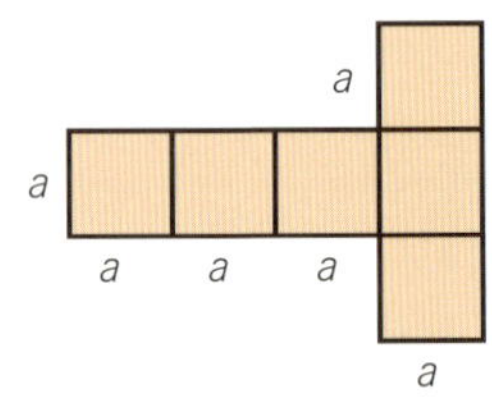

2. Netz eines Quader mit den Kantenlängen „a“, „b“ und „c“

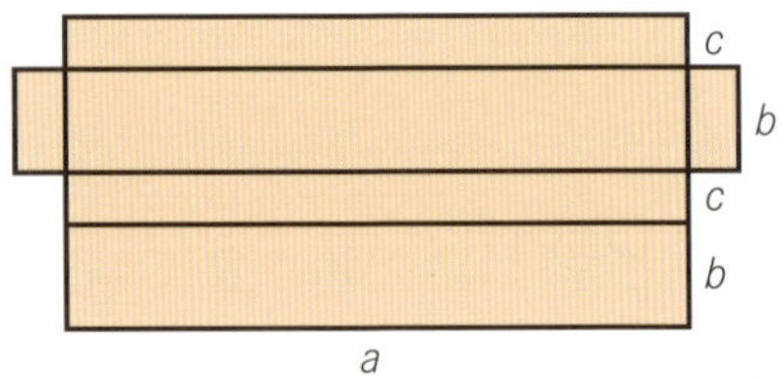

2 Prüfe, welche der Figuren Würfelnetze sind.

a)

b)
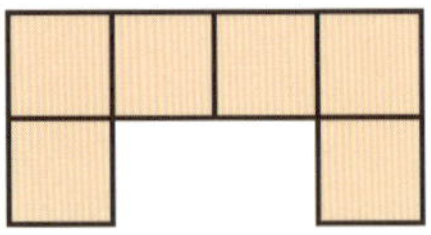

c)
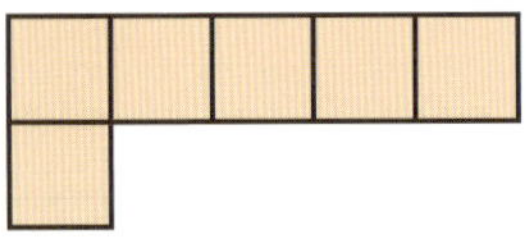

d)
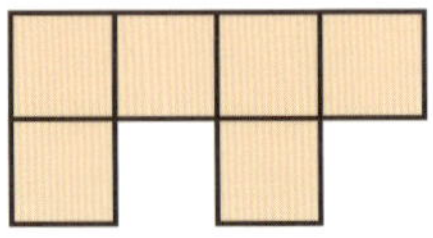

e)

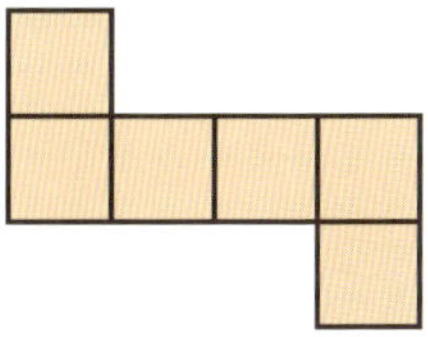

f)

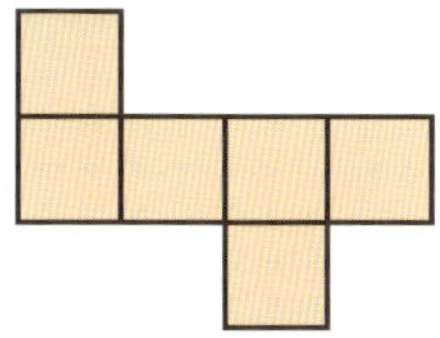

3 Aus welchen der Figuren kannst du einen Quader bauen?

a)

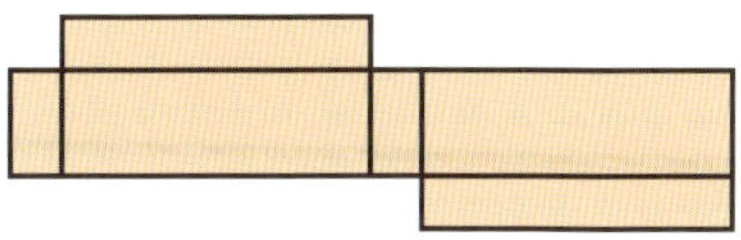

b)

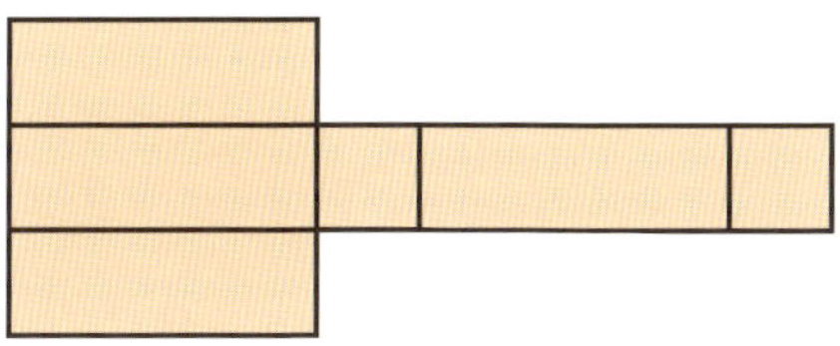

c)

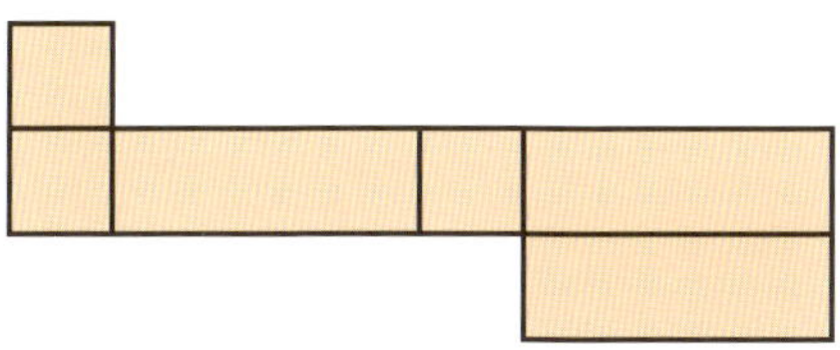

6.3 Die Oberfläche von Quader und Würfel

Du erinnerst dich

- Der Würfel wird durch Quadrate begrenzt. Der Quader wird durch Rechtecke oder durch Rechtecke und Quadrate begrenzt.
- Die Flächen von Quader und Würfel stehen senkrecht aufeinander.
- Die Fläche eines Rechtecks berechnest du mit der Gleichung:
  $A = 2 \cdot a + 2 \cdot b$ oder: $A = 2 \cdot (a + b)$
- Die Fläche eines Quadrates berechnest du mit der Gleichung.
  $A = a \cdot a$ oder $A = a^2$.

Berechnen der Oberfläche A_O eines Quaders

Merke

Die Oberfläche A_O eines Quaders besteht aus 6 Rechtecken. Die einander gegenüberliegenden Rechtecke sind gleich groß. Die Oberfläche A_O des Quaders berechnest du mit der Gleichung:
$\boldsymbol{A_O = 2 \cdot (a \cdot b + a \cdot c + b \cdot c)}$

1 **Berechne die Oberfläche des Quaders mit folgenden Kantenlängen.**

a) $a = 3\,\text{cm}$; $b = 6\,\text{cm}$; $c = 8\,\text{cm}$
b) $a = 25\,\text{mm}$; $b = 40\,\text{mm}$; $c = 55\,\text{mm}$

Beispiel

Berechne die Oberfläche des Quaders mit den Kanten $a = 5\,\text{cm}$, $b = 2\,\text{cm}$; $c = 4\,\text{cm}$.
Gegeben: $a = 5\,\text{cm}$; $b = 2\,\text{cm}$; $c = 4\,\text{cm}$
Gesucht: $A_O = ?\,\text{cm}^2$
Rechnung:

$$\begin{aligned} A_O &= 2 \cdot (a \cdot b + a \cdot c + b \cdot c) \\ &= 2 \cdot (5\,\text{cm} \cdot 2\,\text{cm} + 5\,\text{cm} \cdot 4\,\text{cm} + 2\,\text{cm} \cdot 4\,\text{cm}) \\ &= 2 \cdot (10\,\text{cm}^2 + 20\,\text{cm}^2 + 8\,\text{cm}^2) \\ &= 2 \cdot 38\,\text{cm}^2 \\ A_O &= 76\,\text{cm}^2 \end{aligned}$$

Antwort: Der Quader hat eine Oberfläche von $76\,\text{cm}^2$.

2 **Zeichne das Netz eines Quaders mit den Kantenlängen $a = 35\,\text{mm}$, $b = 54\,\text{mm}$, $c = 46\,\text{mm}$. Berechne die Fläche des Quadernetzes.**

3 Auf dem Postamt werden Paketverpackungen angeboten. Sehr oft werden folgende Verpackungen verkauft:
S (SMALL): 250 mm × 175 mm × 170 mm
M (MEDIUM): 350 mm × 250 mm × 120 mm
L (LARGE): 400 mm × 250 mm × 155 mm
Berechne die Oberfläche der Verpackungen.

Berechnen der Oberfläche eines Würfels

Merke

Die Oberfläche A_O eines Würfels besteht aus 6 gleich großen Quadraten. $\boldsymbol{A_O = 6 \cdot a^2}$

1 Berechne die Oberfläche des Würfels mit der angegebenen Kantenlänge.

a) 0,75 dm b) 48 mm c) 3,9 cm

Beispiel

Wie groß ist die Oberfläche des Würfels mit einer Kantenlänge von 38 mm? Gib die Oberfläche in Quadratzentimetern an.

Gegeben: $a = 38\text{ mm}$

Gesucht: $A_O = ?\text{ cm}^2$

Rechnung:
$$A_O = 6 \cdot a^2$$
$$= 6 \cdot a \cdot a$$
$$= 6 \cdot 38\text{ mm} \cdot 38\text{ mm}$$
$$A_O = 8\,664\text{ mm}^2$$

Antwort: Die Oberfläche des Würfels ist $8\,664\text{ mm}^2 = 86{,}64\text{ cm}^2$ groß.

2 Aus Blech sollen 125 Geschenkdosen mit den Kantenlängen 52 mm × 21 mm × 32 mm hergestellt werden. Wie viel Blech wird benötigt?

6.4 Das Volumen (der Rauminhalt) von Quadern und Würfeln

Du erinnerst dich

- Jeder Würfel und Quader hat eine Breite, eine Länge und eine Höhe.
- Mit Einheitswürfeln (Zentimeterwürfel) kannst du das Volumen eines Quaders oder Würfels bestimmen.

Volumen von Quader und Würfel berechnen

Merke

Für das Volumen eines Quaders mit den Kantenlängen *a, b* und *c* gilt: $V = a \cdot b \cdot c$.
Für das Volumen eines Würfels mit der Kantenlänge *a* gilt: $V = a \cdot a \cdot a$.
Die Maßeinheiten des Volumens sind: mm^3; cm^3; dm^3; m^3; km^3 und ml; l; hl.

Berechnen des Volumens von Quadern

**1 Die Kantenlängen des Quaders sind gegeben.
Berechne sein Volumen.
Wandle zuerst die Kantenlängen in die gleiche Einheit um.**

a) Länge: 2,5 cm; Breite: 3,5 cm; Höhe: 5 cm
b) a = 38 mm; b = 46 mm; c = 15 mm
c) 38 mm × 5,2 cm × 0,62 dm

Beispiel

Ein Quader hat eine Höhe von 3,2 cm, eine Breite von 50 mm und eine Länge von 0,9 dm. Wie groß ist sein Volumen?
Gegeben: a = 3,2 cm; b = 50 mm = 5 cm; c = 0,9 dm = 9 cm
Gesucht: V = ? cm^3

Rechnung: $V = a \cdot b \cdot c$

$= 3{,}2\,\text{cm} \cdot 5\,\text{cm} \cdot 9\,\text{cm}$

$V = 144\,\text{cm}^3$

Antwort: Der Quader hat ein Volumen von $144\,\text{cm}^3$.

2 **Eine Wassergrube hat die Maße: 4,5 m × 3 m × 1,5 m. Wie viel Kubikmeter Wasser kann die Grube aufnehmen?**

Berechnen des Volumens eines Würfels

1 **Berechne das Volumen des Würfels mit den gegebenen Kantenlängen.**

a) 69 mm b) 1,50 m c) 7,6 dm d) 0,9 cm

Beispiel

Der Würfel hat eine Kantenlänge von 9,3 cm.
Wie groß ist sein Volumen?

Gegeben: $a = 9{,}3\,\text{cm}$

Gesucht: $V = ?\,\text{cm}^3$

Rechnung: $V = a \cdot a \cdot a$

$= 9{,}3\,\text{cm} \cdot 9{,}3\,\text{cm} \cdot 9{,}3\,\text{cm}$

$V = 804{,}357\,\text{cm}^3$

Antwort: Der Würfel hat ein Volumen von $804{,}357\,\text{cm}^3$.

2 **Vergleiche das Volumen des Quaders mit dem des Würfels und setze die Zeichen <, =, >.**

a) Quader: 7 cm × 2 cm × 2 cm; Würfel: 9 cm × 9 cm × 9 cm

b) Quader: $a = 6$ mm, $b = 4$ mm, $c = 10$ mm; Würfel: $a = 10$ mm

Umrechnung der Einheiten des Volumens

Einheiten des Volumens

Kubikmillimeter: mm^3
Kubikzentimeter cm^3 → $1\,cm^3 = 1\,000\,mm^3$
Kubikdezimeter: dm^3 → $1\,dm^3 = 1\,000\,cm^3 = 1\,000\,000\,mm^3$
Kubikmeter: m^3 → $1\,m^3 = 1\,000\,dm^3 = 1\,000\,000\,cm^3$
$= 1\,000\,000\,000\,mm^3$
Kubikkilometer: km^3 → $1\,km^3 = 1\,000\,000\,000\,m^3$
Milliliter: ml → $1\,ml = 1\,cm^3$
Liter: l → $1\,l = 1\,dm^3 = 1\,000\,ml$ $1\,m^3 = 1\,000\,l$
Hektoliter: hl → $1\,hl = 100\,l$

1 Rechne in die nächstkleinere Einheit um.

a) $29\,cm^3$ b) $407\,m^3$ c) $0{,}98\,dm^3$ d) $0{,}06\,m^3$

2 Rechne in die nächstgrößere Einheit um.

a) $29\,500\,dm^3$ b) $4\,600\,mm^3$ c) $2\,800\,000\,m^3$ d) $49\,mm^3$

3 Rechne um.

a) $7\,600\,l = ?\,m^3$ b) $4{,}5\,l = ?\,ml$ c) $0{,}89\,hl = ?\,l$ d) $2\,450\,l = ?\,hl$

4 Berechne die Summen und Differenzen.

Beachte Nur Größenangaben mit gleichen Einheiten können addiert oder subtrahiert werden.

a) $14\,m^3 + 39{,}4\,dm^3 + 0{,}9\,m^3$
b) $4\,m^3 + 230\,cm^3 + 2{,}6\,dm^3$
c) $29{,}7\,m^3 - 2\,100\,dm^3$
d) $53\,300\,mm^3 - 0{,}79\,cm^3$
e) $0{,}64\,hl + 600\,l + 1{,}3\,hl$
f) $5{,}5\,m^3 - 950\,l$

5 **Ein Kinderbadebecken hat eine Länge von 12 m, eine Breite von 4,5 m und eine Tiefe von 0,60 cm. Wie viel Kubikmeter Wasser kann das Becken aufnehmen? Rechne die Wassermenge in Liter um.**

Test Kapitel 6

1 **Zeichne das Schrägbild** | 16 |

a) eines Würfels mit der Kantenlängen von 30 mm;
b) eines Quaders mit den Kanten a = 4 cm, b = 3 cm, c = 5 cm.

2 **Berechne die Oberfläche und das Volumen** | 8 |

a) eins Würfels mit der Kantenlänge von 53 mm;
b) eines Quaders mit den Kantenlängen 2,9 cm × 44 cm × 0,72 dm.

3 **Setze die Zeichen <, =, >.** | 6 |

a) 290 cm^3 ☐ 2,90 dm^3
b) 0,76 dm^3 ☐ 76 cm^3
c) 0,008 km^3 ☐ 800 000 m^3
d) 0,425 hl ☐ 425 l
e) 388 l ☐ 2 m^3
f) 300 ml ☐ 2 dm^3

4 **Ist es wahr, dass eine Badewanne mit den Abmessungen 1,6 m × 55 cm × 40 cm mehr als 0,5 m^3 Wasser aufnehmen kann?** | 10 |

|| 40 ||

Wie viele Punkte hast du? Erreichst du mehr als 32 Punkte, beherrschst du den Inhalt des Kapitels wirklich gut. Erreichst du weniger als 16 Punkte, dann solltest du dieses Kapitel wiederholen.

Bedeutung	Bezeichnung	abweichende Bezeichnungen in anderen Büchern
größer als	>	
kleiner als	<	
ungefähr gleich	$\approx$	
Masseneinheiten Gramm, Kilogramm und Tonne	g, kg, t	
Zeitangaben Stunde, Minute, Sekunde	h, min, s	
natürliche Zahlen	a, b, c ...	
Bruch mit Zähler a und Nenner b	$\frac{a}{b}$	
Divisionsaufgabe mit Dividend a und Divisor b	$a : b$; es gilt: $\frac{a}{b} = a : b$	
2. und 3. Potenz mit der Basis (Grundzahl) a	a^2 und a^3	
Multiplikation zweier Zahlen a und b	$a \cdot b$	
Prozent	%	
Längeneinheiten Millimeter, Zentimeter, Meter, Kilometer	mm, cm, m, km	
Masseneinheiten Gramm, Kilogramm und Tonne	g, kg, t	
Gerade	g	
parallele Geraden g_1 und g_2	$g_1 \parallel g_2$	
Strecke mit Anfangspunkt A und Endpunkt B	$\{\overline{AB}\}$	
Flächeneinheiten Quadratmeter, Ar, Hektar, Quadratkilometer	m^2, a, ha, km^2	
Punkte in einem Koordiantensystem	$A(1; 5)$, $C(3; 19)$, $G(7; 10)$, ...	$A(1 \mid 5)$, $C(3 \mid 19)$, $G(7 \mid 10)$, ...
Rauminhalt: Einheiten Kubikzentimeter, Kubikdezimeter, Liter, Hektoliter	cm^3, dm^3, l, hl	
Winkeleinheit Grad	°	
Winkel alpha, beta, gamma delta, epsilon	$\alpha, \beta, \gamma, \delta, \varepsilon$	
Seitenlänge (Dreiecks, Rechtecks, ...), Kantenlänge (Quaders oder Würfes)	a, b, c, d	
Flächeninhalt (eines Dreiecks, Rechtecks, ...)	A	
Rauminhalt (eines Quaders oder Würfels	V	